建筑工程细部节点做法与施工工艺图解丛书

安全文明、绿色施工细部节点做法与施工工艺图解

（第二版）

丛书主编：毛志兵
本书主编：刘明生
组织编写：中国土木工程学会总工程师工作委员会

中国建筑工业出版社

图书在版编目（CIP）数据

安全文明、绿色施工细部节点做法与施工工艺图解 / 刘明生主编；中国土木工程学会总工程师工作委员会组织编写. -- 2版. -- 北京：中国建筑工业出版社，2024. 8. --（建筑工程细部节点做法与施工工艺图解丛书 / 毛志兵主编）. -- ISBN 978-7-112-30260-4

Ⅰ. TU-023

中国国家版本馆 CIP 数据核字第 20245JT885 号

责任编辑：曹丹丹　张　磊
责任校对：赵　力

建筑工程细部节点做法与施工工艺图解丛书
安全文明、绿色施工细部节点做法与施工工艺图解
（第二版）
丛书主编：毛志兵
本书主编：刘明生
组织编写：中国土木工程学会总工程师工作委员会

*

中国建筑工业出版社出版、发行（北京海淀三里河路9号）
各地新华书店、建筑书店经销
北京鸿文瀚海文化传媒有限公司制版
北京云浩印刷有限责任公司印刷

*

开本：850毫米×1168毫米　1/32　印张：7½　字数：207千字
2025年2月第二版　2025年2月第一次印刷
定价：**39.00**元
ISBN 978-7-112-30260-4
（43651）

版权所有　翻印必究
如有内容及印装质量问题，请与本社读者服务中心联系
电话：（010）58337283　QQ：2885381756
（地址：北京海淀三里河路9号中国建筑工业出版社604室　邮政编码：100037）

丛书编委会

主　编：毛志兵
副主编：朱晓伟　刘　杨　刘明生　刘福建　李景芳
　　　　杨健康　吴克辛　张太清　张可文　陈振明
　　　　陈硕晖　欧亚明　金　睿　赵秋萍　赵福明
　　　　黄克起　颜钢文

本书编委会

主编单位： 陕西建工控股集团有限公司

参编单位： 陕西建工第二建设集团有限公司

　　　　　　陕西建工第三建设集团有限公司

　　　　　　陕西建工第五建设集团有限公司

　　　　　　陕西建工第六建设集团有限公司

　　　　　　陕西建工第七建设集团有限公司

主　　编： 刘明生

副 主 编： 李西寿　王奇维　董军林

编写人员： 李延申　潘明玉　蒋　璐　马义玲　刘建明
　　　　　　韩　维　曹　强　孙龙涛　胡　辉　樊　睿
　　　　　　淡淼洋　徐智勇　梁　凯　李争荣　张裕星
　　　　　　毛文龙

丛书前言

"建筑工程细部节点做法与施工工艺图解丛书"自2018年出版发行后，受到了业内工程施工一线技术人员的欢迎，截至2023年底，累计销售已近20万册。本丛书对建筑工程高质量发展起到了重要作用。这些年来，随着建筑工程新结构、新材料、新工艺、新技术不断涌现和工业化建造、智能化建造和绿色化建造等理念的传播，施工技术得到了跨越式的发展，新的节点形式和做法进一步提高了工程施工质量和效率。特别是2021年以来，住房和城乡建设部陆续发布并实施了一批有关工程施工的国家标准和政策法规，显示了对工程质量问题的高度重视。

为了促进全行业施工技术的发展及施工操作水平的整体提升，紧随新的技术潮流，中国土木工程学会总工程师工作委员会组织了第一版丛书的主要编写单位以及业界有代表性的相关专家学者，在第一版丛书的基础上编写了"建筑工程细部节点做法与施工工艺图解丛书（第二版）"（简称新版丛书）。新版丛书沿用了第一版丛书的组织形式，每册独立组成编委会，在丛书编委会的统一指导下，根据不同专业分别编写，共11分册。新版丛书结合国家现行标准的修订情况和施工技术的发展，进一步完善第一版丛书细部节点的相关做法。在形式上，结合第一版丛书通俗易懂、经济实用的特点，从节点构造、实体照片、工艺要点等几个方面，解读工程节点做法与施工工艺；在内容上，随着绿色建筑、智能建筑的发展，新标准的出台和修订，部分节点的做法有一定的精进，新版丛书根据新标准的要求和工艺的进步，进一步完善节点的做法，同时补充新节点的施工工艺；在行文结构中，进一步沿用第一版丛书的编写方式，采用"施工方式＋案例""示意图＋现场图"的形式，使本丛书的编写更加简明扼要、方便查找。

　　新版丛书作为一本实用性的工具书，按不同专业介绍了工程实践中常用的细部节点做法，可以作为设计单位、监理单位、施工企业、一线管理人员及劳务操作层的培训教材，希望对项目各参建方的实际操作和品质控制有所启发和帮助。

　　新版丛书虽经过长时间准备、多次研讨与审查修改，但仍难免存在疏漏与不足之处，恳请广大读者提出宝贵意见，以便进一步修改完善。

丛书主编：毛志兵

本书前言

本分册根据"建筑工程细部节点做法与施工工艺图解丛书"编委会的要求，由陕西建工控股集团有限公司会同陕西建工第二建设集团有限公司、陕西建工第三建设集团有限公司、陕西建工第五建设集团有限公司、陕西建工第六建设集团有限公司、陕西建工第七建设集团有限公司共同编制。

在编写过程中，编写组认真研究了《建筑施工安全检查标准》JGJ 59—2011、《建筑施工高处作业安全技术规范》JGJ 80—2016、《建筑与市政工程绿色施工评价标准》GB/T 50640—2023、《建筑工程绿色施工规范》GB/T 50905—2014，以及《绿色施工导则》等有关资料和图集，结合编制组在安全管理与绿色施工方面的经验进行编制，并组织陕西建工控股集团有限公司内外专家进行审查后定稿。

本书主要内容有安全文明施工、绿色施工 2 章 205 个节点，每个节点包括实景或 BIM 图片及工艺说明两部分，力求图文并茂、简明直观、先进适用。

目 录

第一章 安全文明施工

第一节	基坑施工	1
010101	基坑周边防护	1
010102	基坑排水	2
010103	基坑边坡安全监测	3
第二节	脚手架工程	4
010201	落地扣件式钢管脚手架基础做法	4
010202	架体构造	5
010203	连墙件	6
010204	剪刀撑和横向斜撑（高度24m以下）	7
010205	剪刀撑和横向斜撑（高度24m及以上）	8
010206	架体防护	9
010207	型钢悬挑式脚手架悬挑钢梁设置	10
010208	特殊部位构造	11
010209	附着式悬挑脚手架	12
010210	附着式升降脚手架基本要求	13
010211	附着式升降脚手架防倾覆装置	14
010212	附着式升降脚手架防坠落装置	15
010213	附着式升降脚手架同步升降控制装置	16
010214	高处作业吊篮安装基本要求	17
010215	高处作业吊篮安全装置	18
010216	落地转料平台（落地式操作平台）	19
010217	悬挑转料平台（悬挑式操作平台）	20

010218	自升式转料平台	21

第三节　模板工程 ……………………………………………… 22

010301	模板支架基础	22
010302	支架构造	23
010303	高支模立杆顶部支撑	24
010304	高支撑架体与结构拉结	25
010305	高支撑架防护	26
010306	爬升模板	27

第四节　临时用电 ……………………………………………… 28

010401	TN-S 系统	28
010402	三级配电及两级保护	29
010403	配电室布置	30
010404	配电柜或总配电箱电器配置	31
010405	分配电箱电器配置	32
010406	开关箱电器配置	33
010407	电缆线路埋地敷设	34
010408	电缆线路架空敷设	35
010409	现场照明	36

第五节　安全防护 ……………………………………………… 37

010501	非竖向洞口（短边尺寸 25～500mm）防护	37
010502	非竖向洞口（短边尺寸 500～1500mm）防护	38
010503	非竖向洞口（短边尺寸大于等于 1500mm）防护	39
010504	竖向洞口（短边尺寸小于 500mm）防护	40
010505	竖向洞口（短边尺寸大于等于 500mm）防护	41
010506	竖向洞口（窗台高度低于 800mm）防护	42
010507	特殊部位防护	43
010508	电梯井口防护（一）	44
010509	电梯井口防护（二）	45
010510	电梯井口防护（三）	46
010511	临边防护（一）	47

010512	临边防护（二）	48
010513	通道口防护	49
010514	交叉作业防护	50
010515	移动作业平台	51

第六节　机械设备　52

010601	塔机防碰撞	52
010602	附着安装操作防护平台	53
010603	操作人员高空通道	54
010604	安全监控系统	55
010605	施工升降机层站防护	56
010606	操作权限智能控制系统	57
010607	中小型设备安全防护	58
010608	施工升降机安全监控系统	59
010609	塔机地面防护围栏	60
010610	塔机防松动预警螺母	61

第七节　安全体验　62

010701	安全体验区平面布置	62
010702	集装箱型安全体验馆	63
010703	洞口坠落体验	64
010704	安全带使用体验	65
010705	综合用电体验	66
010706	平衡木体验	67
010707	消防器材使用体验	68
010708	挡土墙倒塌体验	69
010709	安全鞋冲击体验	70
010710	急救体验	71
010711	安全帽撞击体验	72
010712	AR/VR 智能体验	73

第八节　消防　74

| 010801 | 消防平面布置 | 74 |

010802	消防器材配备	75
010803	消防水源设置	76
010804	防火间距设置	77
010805	动火作业管控	78
010806	应急照明设置	79

第九节 治安保卫 80

010901	实名制门禁	80
010902	现场围挡	81
010903	人车分流	82

第二章 绿色施工

第一节 环境保护 83

1. 扬尘控制 84

020101	车辆冲洗	84
020102	裸露土处理	86
020103	运输车辆全封闭覆盖	87
020104	环保除尘风送式喷雾机	88
020105	施工现场喷雾降尘	89
020106	外脚手架降尘喷雾设施	90
020107	采用新型工具	91
020108	智慧工地环境监测	92
020109	预拌砂浆有密闭防尘措施	93

2. 噪声控制 94

020110	选用低噪声设备	94
020111	混凝土输送泵降噪棚	96
020112	隔声木工加工车间	97
020113	降噪挡板	98
020114	隔声降噪布	100

3. 光污染控制 102

020115	焊接遮光措施 …………………………………	102
020116	夜间定向照明措施 ……………………………	104

4. 空气污染控制 ……………………………………… 105
020117	焊接烟尘收集措施 ……………………………	105
020118	废气排放控制 …………………………………	106

5. 水污染控制 ………………………………………… 107
020119	污水沉淀池 ……………………………………	107
020120	污水排放监测 …………………………………	109
020121	隔油池 …………………………………………	110
020122	化粪池 …………………………………………	111
020123	危险品储存 ……………………………………	112
020124	土壤污染 ………………………………………	113

6. 施工现场垃圾控制 ………………………………… 114
020125	建筑垃圾垂直运输 ……………………………	114
020126	建筑垃圾分类处理及利用 ……………………	116
020127	生活办公垃圾分类回收 ………………………	120
020128	废旧电池、墨盒集中回收 ……………………	122

7. 环境保护公示及标志 ……………………………… 123
020129	环境保护公示牌 ………………………………	123
020130	环境保护标志 …………………………………	125

8. 其他措施 …………………………………………… 126
020131	地下设施、古树、文物和资源保护措施 ……	126
020132	第三方生态环境检测措施 ……………………	128
020133	分层透水、滤水混凝土的应用 ………………	129
020134	抑尘排水树脂格栅架空地面应用 ……………	131
020135	植生生态混凝土应用 …………………………	132
020136	植草砖应用 ……………………………………	133
020137	垂直绿化技术应用 ……………………………	134
020138	地下水清洁回灌技术应用 ……………………	135
020139	新能源智能机械设备应用 ……………………	136

第二节　节材与材料资源利用 …… 137

1. 信息化技术 …… 137
020201　BIM技术应用 …… 137

2. 钢材节约 …… 138
020202　钢材软件下料 …… 138
020203　数控钢材加工设备 …… 139
020204　高强钢筋应用 …… 140
020205　手持式钢筋绑扎机 …… 141
020206　钢筋余料回收利用 …… 142

3. 混凝土工程节材 …… 143
020207　装配式构件应用 …… 143
020208　建筑垃圾回收再利用 …… 144
020209　混凝土余料回收利用 …… 145

4. 砌体工程节材 …… 146
020210　砌体材料集中精确加工 …… 146
020211　新型砌体材料应用 …… 147

5. 装饰工程节材 …… 148
020212　保温装饰一体板 …… 148
020213　免拆保温一体模板 …… 149

6. 周转材料 …… 150
020214　新型模板 …… 150
020215　周转材料再利用 …… 152
020216　方木、模板接长 …… 153

7. 永临结合措施 …… 154
020217　消防用水永临结合 …… 154
020218　永久栏杆代替防护栏杆 …… 155
020219　永久照明代替临时照明 …… 156
020220　预制模块化混凝土路面 …… 158
020221　其他永临结合措施 …… 159

第三节　节水与水资源利用 …… 160

1. 用水综合计量 ··· 160
　020301　用水分区管理 ································ 160
　020302　智能用水分析 ································ 161
2. 节水措施 ··· 162
　020303　生活节水器具 ································ 162
　020304　插卡限额式淋浴 ······························ 163
　020305　混凝土泵送管道水气联洗 ······················ 164
　020306　节水型润砖 ·································· 165
　020307　绿化土壤湿度监测浇灌系统 ···················· 166
　020308　分段式智能喷淋 ······························ 167
　020309　（高性能）节水型雾化喷嘴 ···················· 168
　020310　混凝土薄膜养护 ······························ 169
3. 提高水资源利用率 ··································· 170
　020311　中水处理技术 ································ 170
　020312　施工废水再利用 ······························ 171
　020313　液压式压滤机（泥水分离系统） ················ 172
4. 非传统水源利用 ····································· 173
　020314　雨水收集利用 ································ 173
　020315　基坑降水收集利用 ···························· 174
5. 用水安全 ··· 175
　020316　直饮水系统 ·································· 175
　020317　非传统水源水质检测 ·························· 177
　020318　施工现场污水专项检测 ························ 178
6. 生态海绵技术 ······································· 179
　020319　透水铺装 ···································· 179
　020320　下凹式绿地 ·································· 180
　020321　雨水花园 ···································· 181
　020322　植被浅沟 ···································· 182
第四节　节能与能源利用 ································ 183
　1. 用电综合计量 ···································· 183

020401	用电分区管理	183
020402	智能用电分析	184

2. 机械设备选型 … 185

020403	垂直运输设备选型	185
020404	一般机具设备选型	186

3. 节能变频设备应用 … 187

020405	变频机械设备	187
020406	空气能（源）热泵	188
020407	LED 照明	189
020408	新型能源机具	190
020409	移动式充电设备	191

4. 节能新技术 … 192

020410	无功补偿技术	192
020411	低压照明技术	193
020412	时控、声控、光控感应控制技术	194
020413	5G 网络遥控技术	195
020414	溜槽施工技术	196
020415	临时用房围护结构	197

5. 可再生能源利用 … 198

020416	太阳能利用技术	198
020417	风能再利用技术	199
020418	地源热能利用技术	200

第五节　节地与土地资源保护 … 201

1. 施工现场规划 … 201

020501	施工现场布置永临结合	201
020502	材料堆场及运输路线优化	202
020503	平面布置施工推演	203

2. 节地与临时用地保护措施 … 204

020504	既有建筑、围墙利用	204
020505	土方平衡技术	205

020506	钢栈桥应用技术	206
020507	智慧仓储	207
020508	场内集中加工配送	208

第六节　人力资源节约和保护 ································ 209

1. 人员健康保障 ·· 209

020601	健康保障设施	209
020602	生活区安全应急装置	210
020603	餐饮卫生监管	211

2. 劳动力保护 ·· 212

020604	防护及劳动保护用品	212
020605	密闭空间安全保障措施	213

3. 劳务节约措施 ·· 214

020606	劳务实名制管理系统	214
020607	数字教育培训中心	215
020608	建筑机器人应用	216
020609	无线射频识别技术	217
020610	智能工具增效	218

第七节　绿色智能建造技术创新 ································ 219

020701	基于 BIM 的施工技术	219
020702	三维激光扫描技术	220
020703	数字孪生技术	221
020704	智慧工地数据决策系统	222
020705	碳排放计算管理系统	223

第一章　安全文明施工

第一节　基坑施工

010101　基坑周边防护

基坑周边防护示意图

工艺说明

(1) 开挖深度2m及以上的基坑，应在周边设置防护栏杆。(2) 防护栏杆由上、下两道横杆及栏杆柱组成，栏杆柱底端应固定牢固，防护栏外侧距基坑顶边缘不小于0.5m。(3) 当在基坑四周土体上固定时，应采用预埋或打入方式固定，埋入式栏杆柱埋深应大于0.6m，护栏背面设置斜撑。(4) 防护栏杆内侧应挂密目安全网或采用工具式栏板封闭，外侧应设置不低于18cm的挡脚板。

010102 基坑排水

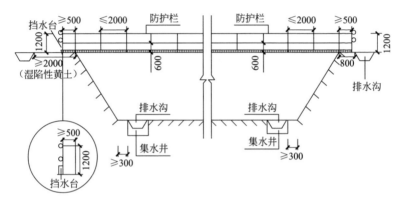

基坑防排水示意图

工艺说明

（1）应按设计要求对基坑周边地面采取硬化处理，并设置高度大于15cm的挡水台。（2）基坑的上部四周和底部应设置排水沟和集水井，排水坡向应明显，宜布置于地下结构外边，距坡脚不小于0.5m。排水沟、集水井应做防渗处理。湿陷性黄土地区基坑上部排水沟与基坑边缘的距离应大于2m，其他地区排水沟距坑边的距离应大于80cm。（3）降水井宜在基坑外缘环圈式布置；当基坑面积较大且局部有深挖区域时，也可在基坑内布置，确保地下水在每层开挖面（作业面）以下50cm。

010103 基坑边坡安全监测

基坑观测点现场图

工艺说明

（1）对于安全等级为一级或二级的基坑支护结构，在基坑开挖前应由建设单位委托有资质的第三方对基坑工程实施监测。（2）监测点水平间距小于等于20m。（3）深层水平位移点宜布置在基坑周边中部、阳角处及有代表性的部位，监测点水平距离宜为20～60m。

第二节 • 脚手架工程

010201 落地扣件式钢管脚手架基础做法

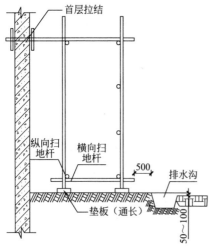

落地式脚手架基础做法示意图

落地式脚手架基础做法实例

工艺说明

　　脚手架基础做法应根据立杆地基承载力设计确定，应平整坚实。一般情况下脚手架搭设高度在24m以下时，可采用回填土分层夯实找平处理或采用素混凝土垫层。脚手架基础宜高于自然地坪50～100mm，外侧应设置排水沟。冬期施工应采取防冻胀措施。每根立杆底部应设置底座或垫板。

010202 架体构造

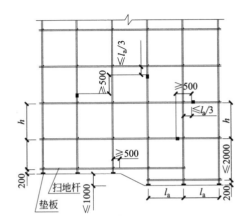

落地式脚手架架体搭设示意图

落地式脚手架架体搭设现场实例

工艺说明

落地扣件式钢管脚手架搭设应符合现行规范及专项施工方案要求,双排脚手架搭设高度不宜超过50m。立杆间距、步距应符合设计要求,脚手架底部立杆上应设置纵、横向扫地杆,扫地杆应与相邻立杆连接稳固;立杆基础不在同一高度时,必须将高处扫地杆向低处延长两跨并与延长段立杆连接,主节点处必须设置一根横向水平杆。

010203 连墙件

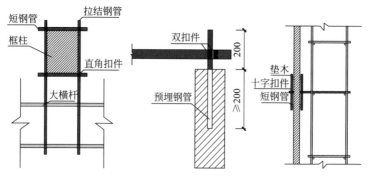

脚手架连墙件示意图

脚手架连墙件现场实例

工艺说明

脚手架应按设计计算和构造要求设置连墙件,连墙件应采用能承受压力和拉力的刚性构件,应与工程结构和架体连接牢固。连墙件设置应从底层第一步纵向水平杆处开始,偏离主节点的距离不应大于300mm,应随脚手架搭设同步进行。连墙点的水平间距不得超过3跨,竖向间距不得超过3步,连墙点之上架体的悬臂高度不应超过2步。在架体的转角处、开口型脚手架的端部应增设连墙件,连墙件的垂直间距不应大于建筑物的层高,且不应大于4m。

010204 剪刀撑和横向斜撑（高度24m以下）

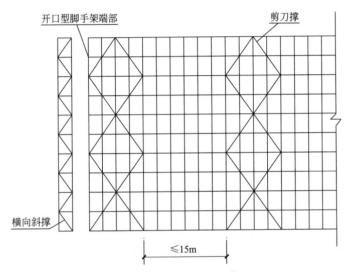

高度24m以下的落地扣件式钢管脚手架剪刀撑和横向斜撑设置示意图

工艺说明

搭设高度在24m以下的落地扣件式钢管脚手架，应在架体外侧两端、转角及中间间隔不超过15m的立面上，各设置一道剪刀撑，由底至顶连续设置。每道剪刀撑的宽度应为4～6跨，且不应小于6m，也不应大于9m。剪刀撑斜杆与水平面的夹角应为45°～60°。封圈型双排脚手架可不设横向斜撑，开口型双排脚手架的两端均必须设置横向斜撑。

010205 剪刀撑和横向斜撑（高度24m及以上）

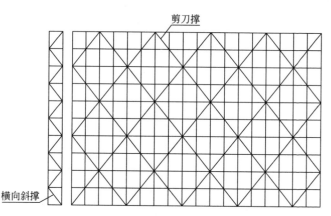

高度24m及以上落地扣件式钢管脚手架剪刀撑和横向斜撑设置示意图

高度24m及以上落地扣件式钢管脚手架剪刀撑设置模型图

工艺说明

搭设高度在24m及以上的落地扣件式钢管脚手架，应在架体外侧立面上连续设置剪刀撑。每道剪刀撑的宽度应为4~6跨，且不应小于6m，也不应大于9m。剪刀撑斜杆与水平面的夹角应为45°~60°。除拐角应设置横向斜撑外，中间应每隔6跨设置一道，开口型双排脚手架的端部均必须设置横向斜撑。

010206 架体防护

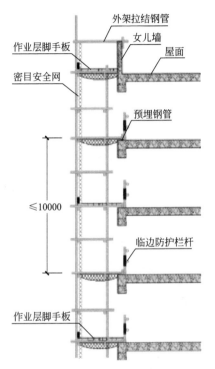

脚手架架体防护示意图

脚手架架体防护现场图

工艺说明

　　落地扣件式钢管脚手架在第一步架或结构二层板部位应满铺一道脚手板，内排立杆与结构之间应做硬质防护脚手板；脚手架作业层脚手板应满铺，每3层且高度不大于10m应满铺一道脚手板或一道阻燃型安全平网。当作业层边缘与结构外表面的距离大于150mm时，应采取防护措施。作业层外边缘应设置栏杆和挡脚板，脚手架沿架体外围挂密目安全网或钢板网全封闭。

010207 型钢悬挑式脚手架悬挑钢梁设置

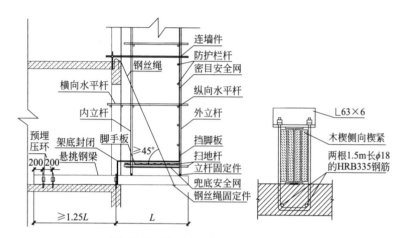

型钢悬挑式脚手架悬挑钢梁设置示意图

型钢悬挑式脚手架悬挑钢梁设置现场图

工艺说明

悬挑钢梁型号、锚固件及悬挑钢梁悬挑段长度、固定段长度均应符合现行规范及专项施工方案要求，固定段长度不应小于悬挑段长度的1.25倍。固定悬挑钢梁的U形钢筋拉环或锚固螺栓应预埋至混凝土梁、板底层钢筋位置，并应与混凝土梁、板底层钢筋焊接或绑扎牢固，锚固型钢的结构板厚度小于120mm时应采取加固措施。

010208 特殊部位构造

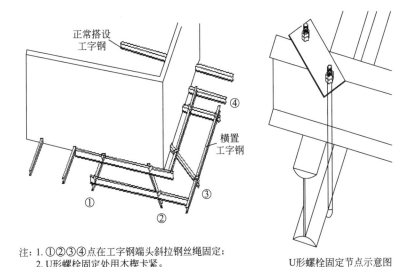

注：1. ①②③④点在工字钢端头斜拉钢丝绳固定；
2. U形螺栓固定处用木楔卡紧。

型钢悬挑式脚手架特殊部位悬挑钢梁设置示意图

型钢悬挑式脚手架特殊部位悬挑钢梁设置现场图

工艺说明

结构转角等部位悬挑钢梁不能按设计的立杆纵距设置时，可采用在悬挑钢梁上搭设连梁的方式，保证立杆不悬空。连梁应采用U形卡环与主梁可靠固定。悬挑钢梁外端应设置钢丝绳或钢拉杆与上一层建筑结构拉结。

010209 附着式悬挑脚手架

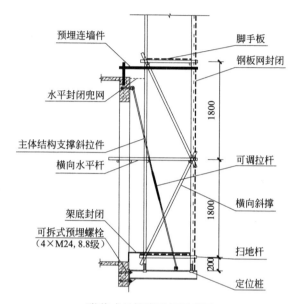

附着式悬挑脚手架示意图

附着式悬挑脚手架现场图

工艺说明

附着式悬挑脚手架钢梁通过螺栓与结构框架梁锚固,并在钢梁前端设置可调拉杆与上一层建筑结构连接。附着式悬挑脚手架采用工字钢为悬挑梁,并焊接底座板、三角加强板、U形上拉件。

010210 附着式升降脚手架基本要求

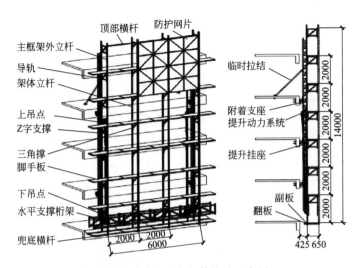

附着式升降脚手架架体构造示意图

附着式升降脚手架架体构造现场图

> **工艺说明**
>
> 附着式升降脚手架搭设应符合现行规范和专项施工方案要求，竖向主框架与水平支撑桁架、架体构架构成稳定结构。竖向主框架所覆盖的每一楼层处设置一道附墙支座，依靠自身的升降设备和安全装置，随工程结构逐层爬升或下降。在使用工况时，竖向主框架固定于附墙支座上，架体悬臂高度不得大于架体高度的2/5，且不得大于6m。

010211 附着式升降脚手架防倾覆装置

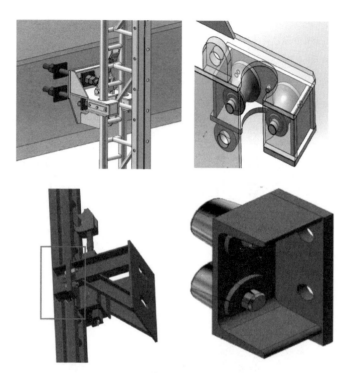

附着式升降脚手架防倾覆装置

工艺说明

防倾覆装置包括导轨和两个以上与导轨连接的可滑动的导向件，在防倾导向件的范围内应设置防倾斜导轨。导轨与竖向主框架可靠连接，导向件采用焊接螺栓或销轴与附着支座连接，防倾覆装置与导轨之间的间隙应小于5mm。在升降工况下，最上和最下两个导向件之间的最小间距不应小于2.8m或平台高度的1/4；在使用工况下，最上和最下两个导向件之间的最小间距不应小于5.6m或架体高度的1/2。

010212 附着式升降脚手架防坠落装置

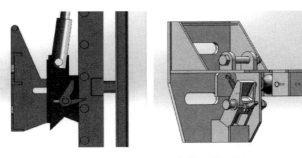

附着式升降脚手架防坠落装置模型图

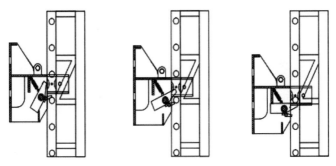

附着式升降脚手架防坠落装置示意图

工艺说明

　　防坠落装置应设置在竖向主框架处，并牢固固定在附着支座的端部，每一机位处不应少于一个防坠落装置。防坠落装置在使用工况和升降工况下均应齐全有效。防坠落装置应采用机械式的全自动装置，不应使用每次升降都需重组的装置。

010213 附着式升降脚手架同步升降控制装置

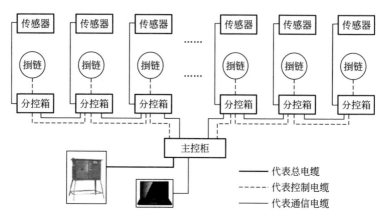

附着式升降脚手架同步升降控制装置示意图

附着式升降脚手架同步升降控制装置现场图

工艺说明

附着式升降脚手架升降时，应配备限制荷载或限制水平高差的同步控制系统。当只有两个机位同时升降时，可采用两机位间限制水平高差的同步控制系统；当多机位同时升降时，应采用荷载限制控制系统对架体运行的超欠载进行控制。在架体提升时当实际荷载值超过设定值的15％时，系统自动报警，并显示报警机位；当达到设定值的30％时，系统自动停机，强行停止提升架体。

010214 高处作业吊篮安装基本要求

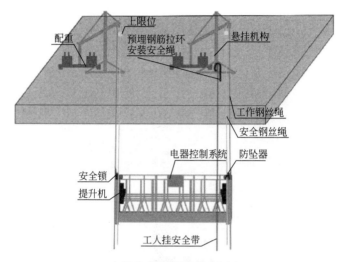

高处作业吊篮构造示意图

高处作业吊篮构造现场图

工艺说明

高处作业吊篮悬挂机构前后支架设置、间距及前梁外伸长度应符合产品使用说明书或专项施工方案要求，悬挑横梁应前高后低。配重件的重量和数量应符合设计规定，稳定可靠地安放在配重架上，并应有防止随意移动的措施。

010215 高处作业吊篮安全装置

高处作业吊篮安全装置现场图

工艺说明

(1) 安全锁必须在有效的标定期限内。(2) 行程限位装置稳固灵敏,超高限位器止挡应具有一定刚度,安装位置距钢丝绳悬挂点不小于800mm;安全钢丝绳独立于工作钢丝绳悬挂,下方安装重锤保持悬垂状态。(3) 安全救生绳应独立设置,固定在强度可靠的建筑结构上,并应有防磨损措施。(4) 作业人员安全带应使用锁绳器有效连接到安全救生绳上。

010216 落地转料平台(落地式操作平台)

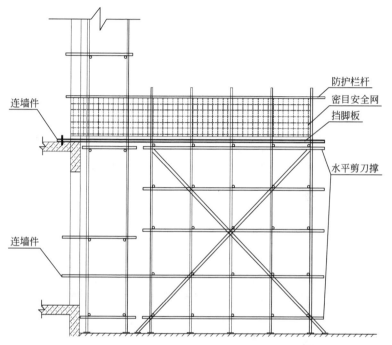

落地式操作平台构造示意图

工艺说明

　　落地转料平台搭设应符合现行规范及专项施工方案要求,并独立设置,不得与脚手架连接,高度不应超过15m,高宽比不大于3∶1。架体立杆底部应设置底座或垫板、纵向与横向扫地杆,在外立面设置竖向剪刀撑或斜撑,从底层第一步水平杆起逐层设置连墙件与建筑物进行刚性连接或采取防倾覆措施,同时设置水平剪刀撑。平台面脚手板应满铺,临边设置防护栏杆和挡脚板,采用密目安全网封闭。在平台的内侧设置公示牌、验收牌、限载牌。

010217 悬挑转料平台（悬挑式操作平台）

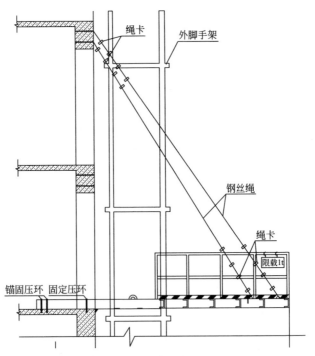

悬挑式操作平台构造示意图

工艺说明

悬挑转料平台应按现行规范及专项施工方案进行加工、安装、使用及吊运。悬挑转料平台的搁置点、拉结点、支撑点应设置在主体结构上，且与之可靠连接。采用斜拉方式连接时，平台两边各设置前后两道斜拉钢丝绳，钢丝绳绳卡数量及连接方法应符合现行规范及专项施工方案要求，建筑物锐角利口周围系钢丝绳处应加衬软垫物。安装时外侧略高于内侧，临边应安装固定防护栏杆并设置防护挡板完全封闭，内侧设置公示牌、验收牌、限载牌。

010218 自升式转料平台

自升式转料平台构造模型图

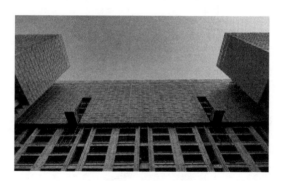

自升式转料平台构造现场图

工艺说明

　　自升式转料平台内侧搁置点、平台两侧斜拉杆拉结点均固定在附着于建筑结构上的导轨上。在使用工况下,导轨通过附墙支座将荷载传递到建筑结构,升降工况依靠自身升降装置,使转料平台与导轨沿附墙支座端部的导向件上升或下降。

第三节 • 模板工程

010301 模板支架基础

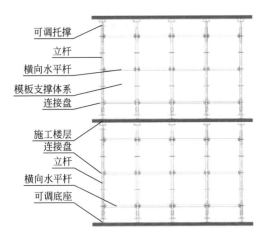

模板支架基础示意图

模板支架基础现场图

工艺说明

模板支架基础应坚实平整，承载力满足专项施工方案设计要求，验收合格后按方案要求定位放线。对高大复杂或荷载较大的模板支架，应对支架单元和地基进行预压试验。模板支架在多层楼板上连续设置支撑架时，上下层支撑立杆宜在同一轴线上。

010302 支架构造

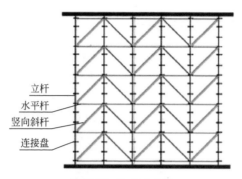

立杆
水平杆
竖向斜杆
连接盘

模板支架构造示意图

模板支架构造现场图

工艺说明

梁、板的支架立杆间距、步距及斜杆设置应符合现行规范及专项施工方案要求,应根据施工方案计算得出的立杆纵、横向间距选用定长的水平杆和斜杆,并应根据搭设高度组合立杆、可调托撑和可调底座。支架步距不应超过2m,当支架搭设高度大于16m时,顶层步距内应每跨布置竖向斜杆。当地基高差较大时,可利用立杆节点位差配合可调底座进行调整,可调底座丝杠插入立杆长度不得小于150mm,丝杠外露长度不宜大于300mm,作为扫地杆的最底层水平杆中心线距离可调底座的底板不应大于550mm。水平杆及斜杆插销安装完成后,应采用锤击方法抽查插销,连续下沉量不应大于3mm。

010303 高支模立杆顶部支撑

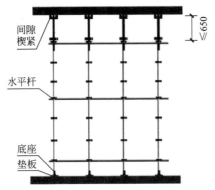

高支模立杆顶部支撑示意图　　高支模立杆顶部支撑现场图1

高支模立杆顶部支撑现场图2

工艺说明

支架立杆顶部可调托撑伸出顶层水平杆或双槽托梁中心线的悬臂长度不应超过650mm，且丝杠外露长度不应超过400mm，可调托撑插入立杆或双槽托梁长度不得小于150mm。

010304 高支撑架体与结构拉结

高支撑架体与结构拉结现场图

工艺说明

当支撑架搭设高度超过8m、周围有既有建筑结构时,应沿高度每间隔2~3个步距与周围已建成的结构进行可靠拉结。当以独立塔架形式搭设支撑架时,应沿高度每间隔2~4个步距与相邻的独立塔架水平拉结。

010305 高支撑架防护

高支撑架防护现场图

工艺说明

搭设高度2m以上的支撑架体应设置作业人员登高设施。作业面应根据有关规定设置安全防护设施，搭设高度2m以上的支撑架时应铺设脚手板，作业层脚手板下应采用安全平网兜底，以下每隔10m应采用安全平网封闭。

010306 爬升模板

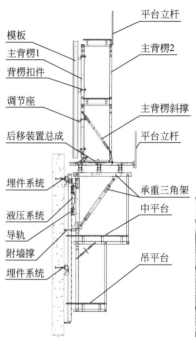

爬升模板构造示意图

爬升模板构造现场图

工艺说明

爬升模板系统中的模板、爬升支架、爬升设备应符合现行规范及专项施工方案要求，验收合格后方可使用。爬升模板的外附脚手架或悬挂脚手架应满铺脚手板，脚手架外侧应设防护栏杆和安全网。爬架底部亦应满铺脚手板且设置安全网。

第四节 • 临时用电

010401 TN-S 系统

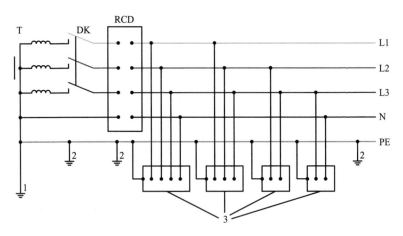

TN-S 系统示意图
1—工作接地；2—PE线重复接地；3—电气设备金属外壳（正常不带电的外露可导电部分）；DK—总隔离开关；RCD—总漏电保护器

工艺说明

施工现场临时用电工程为专用变压器或发电机组供电时应采用TN-S系统，可由工作接地线处引出两根零线，一根为工作零线、一根为保护零线；也可在总配电柜电源侧零线处或总漏电保护器电源侧零线处引出保护零线。施工现场的所有电气设备正常不带电的金属外壳必须与保护零线做电气连接。

010402 三级配电及两级保护

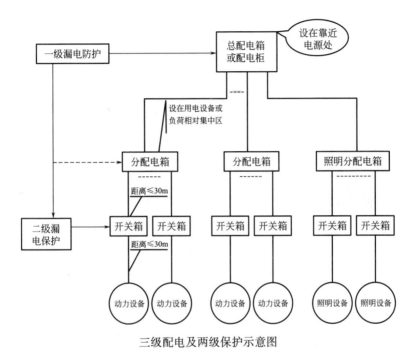

三级配电及两级保护示意图

工艺说明

（1）施工现场应设置总配电箱或配电柜、分配电箱、开关箱，实行三级配电。（2）总配电箱和开关箱应装设漏电保护器。总配电箱内漏电保护器的额定漏电动作电流应大于30mA，额定漏电动作时间应大于0.1s，且额定漏电动作电流与额定漏电动作时间的乘积不应大于30mA·s。（3）开关箱用于潮湿或腐蚀介质场所时，漏电保护器的额定漏电动作电流不应大于15mA，额定漏电动作时间不应大于0.1s；用于其他场所，漏电保护器的额定漏电动作电流不应大于30mA，额定漏电动作时间不应大于0.1s。

010403 配电室布置

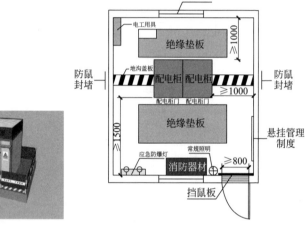

配电室布置示意图 配电室布置平面图

工艺说明

配电室应靠近电源,设置在灰尘少、潮气少、振动小、无腐蚀介质、无易燃易爆物及通道畅通的地方。面积和高度应满足配电柜操作与维护需要的安全距离。配电室的建筑物和构筑物的耐火等级不低于2级,室内外配置砂箱和可用于扑灭电气火灾的灭火器。

配电室配电装置布置尺寸要求表(m)

布置方式	单排布置		双排面对面布置		双排背对背布置	
	柜前	柜后	柜前	柜后	柜前	柜后
配电柜	1.5	1.0	2.0	1.0	1.5	1.5

第一章 安全文明施工

010404 配电柜或总配电箱电器配置

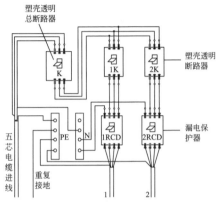

配电柜或总配电箱电器配置示意图

配电柜电器配置现场图

工艺说明

配电柜或总配电箱的电器应具备电源隔离，正常接通与分断电路，以及短路、过载、漏电保护功能。应装设总隔离开关、分路隔离开关以及总断路器、分路断路器或总熔断器、分路熔断器。当分路所设漏电保护器是同时具备短路、过载、漏电保护功能的漏电断路器时，可不设分路断路器或分路熔断器。隔离开关应设置于电源进线端，应采用分断时具有可见分断点，并能同时断开电源所有极的隔离电器。如采用分断时具有可见分断点的断路器，可不另设隔离开关。总开关电器的额定值、动作整定值应与分路开关电器的额定值、动作整定值相适应。

31

010405 分配电箱电器配置

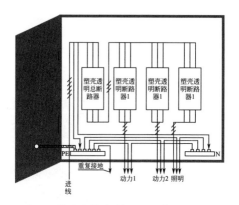

分配电箱电器配置示意图

分配电箱电器配置现场图

工艺说明

分配电箱应装设总隔离开关、分路隔离开关以及总断路器、分路断路器或总熔断器、分路熔断器。隔离开关应设置于电源进线端，应采用分断时具有可见分断点，并能同时断开电源所有极的隔离电器。如采用分断时具有可见分断点的断路器，可不另设隔离开关。总开关电器的额定值、动作整定值应与分路开关电器的额定值、动作整定值相适应。动力配电箱与照明配电箱宜分别设置。当合并设置为同一配电箱时，动力和照明应分路配电。

010406 开关箱电器配置

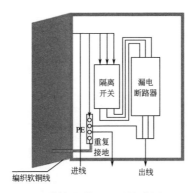

开关箱电器配置及线路图

开关箱电器配置现场图

工艺说明

开关箱应装设隔离开关、断路器或熔断器，以及漏电保护器。当漏电保护器是同时具有短路、过载、漏电保护功能的漏电断路器时，可不装设断路器或熔断器。隔离开关应采用分断时具有可见分断点，能同时断开电源所有极的隔离电器，并应设置于电源进线端。当断路器具有可见分断点时，可不另设隔离开关。开关箱中各种开关电器的额定值和动作整定值应与其控制用电设备的额定值和特性相适应。动力开关箱与照明开关箱应分别设置。

010407 电缆线路埋地敷设

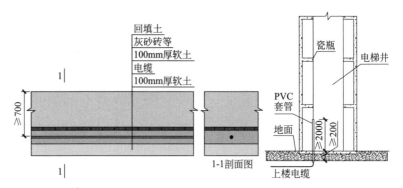

电缆线路埋地敷设示意图

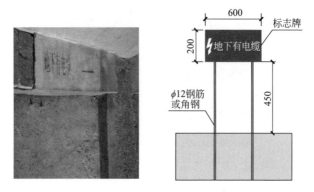

电缆线路埋地敷设图

工艺说明

电缆线路敷设应采取埋地敷设或架空敷设。埋地电缆的接头应设在地面上的接线盒内，接线盒应能防水、防尘、防机械损伤，并应远离易燃、易爆、易腐蚀场所。埋地电缆在穿越建筑物、构筑物、道路、易受机械损伤、介质腐蚀场所及引出地面从2.0m高到地下0.2m处，必须加设防护套管，防护套管内径不应小于电缆外径的1.5倍。

010408 电缆线路架空敷设

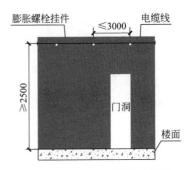

室内电缆线路架空敷设示意图

室内电缆线路架空敷设现场图

室外电缆线路架空敷设现场图

工艺说明

架空电缆应沿电杆、支架等敷设,采用绝缘子固定,绝缘线绑扎,固定点间距应保证电缆能承受自重所带来的荷载。在建工程内的电缆线路必须采用电缆埋地引入,严禁穿越脚手架引入。电缆垂直敷设应充分利用在建工程的竖井、垂直孔洞等,并宜靠近用电负荷中心,固定点每楼层不得少于1处。电缆水平敷设宜沿墙或门口刚性固定,最大弧垂距地不得小于2.0m。

010409 现场照明

现场照明

现场照明设施

工艺说明

施工现场一般场所照明宜采用 220V LED 灯、节能灯。室外 220V 灯具距离地面不低于 3m，室内不低于 2.5m。特殊场所和手持照明灯应采用安全电压供电。隧道、人防工程、高温、有导电灰尘、比较潮湿或灯具离地面高度低于 2.5m 等场所的照明，电源电压不应大于 36V；潮湿和易触及带电体场所的照明，电源电压不得大于 24V；特别潮湿场所、导电良好的地面、锅炉或金属容器内的照明，电源电压不得大于 12V。照明变压器应采用双绕组型安全隔离变压器。

第五节 • 安全防护

010501 非竖向洞口（短边尺寸 25~500mm）防护

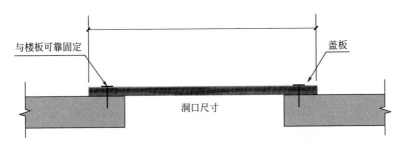

非竖向洞口（短边尺寸 25~500mm）防护示意图

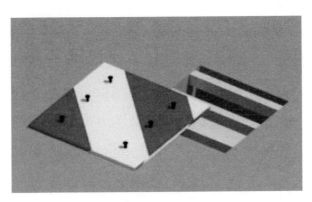

防护盖板示意图

工艺说明

（1）当非竖向洞口短边尺寸为 25~500mm 时，应采用不能自由移位的盖板覆盖。（2）盖板材质应符合防护强度要求，无法满足时应采取加设支撑或更换材质等措施，确保防护安全。（3）盖板表面刷红白相间的油漆起到警示作用。

010502 非竖向洞口（短边尺寸 500～1500mm）防护

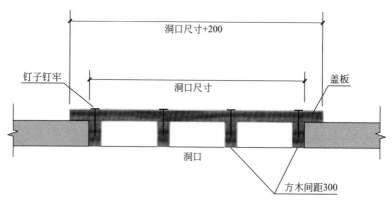

非竖向洞口（短边尺寸 500～1500mm）防护示意图

工艺说明

（1）当非竖向洞口短边尺寸为 50～1500mm 时，应采用专项设计的固定盖板覆盖。（2）当采用预留钢筋网片加盖板防护时，钢筋直径应不小于 6mm，锚固长度应满足设计要求。（3）盖板表面刷红白相间的油漆起到警示作用，标注"严禁私自拆除"警示标语。

010503 非竖向洞口（短边尺寸大于等于1500mm）防护

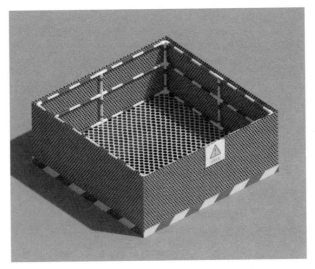

非竖向洞口（短边尺寸大于等于1500mm）防护示意图

工艺说明

（1）当非竖向洞口短边尺寸大于等于1500mm时，应在洞口作业侧设置高度大于等于1200mm的防护栏杆，并应采用密目安全网或工具式栏板封闭，洞口应采用安全平网封闭。（2）防护栏杆或工具式防护栏板应满足临边防护构造要求，并设置安全警示标志、标牌。

010504 竖向洞口（短边尺寸小于500mm）防护

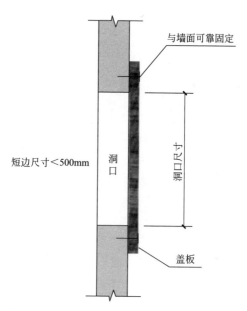

竖向洞口（短边尺寸小于500mm）防护示意图

工艺说明

（1）当竖向洞口短边尺寸小于500mm时，应采用封堵措施。（2）封堵板材质应符合防护强度要求，封堵板应采用可靠形式固定，并应设置在靠近楼内作业人员一侧。（3）防护应设置警示标志，禁止私自拆除。

010505 竖向洞口（短边尺寸大于等于500mm）防护

竖向洞口（短边尺寸大于等于500mm）防护现场图

工艺说明

（1）墙面等处落地的竖向洞口或竖向洞口短边尺寸大于等于500mm时，应在临空一侧设置高度大于等于1.2m的防护栏杆，并应采用密目安全网或工具式栏板封闭，设置挡脚板。（2）防护栏杆立杆和横杆的设置、固定及连接，应确保防护栏杆在上下横杆和立杆任何处，均能承受任何方向的最小1kN外力作用。（3）墙面固定宜采用预埋等形式，并确保固定牢固；防护栏杆超过2m应增设立柱。（4）应在靠近作业人员一侧设置安全警示标志。

010506 竖向洞口（窗台高度低于800mm）防护

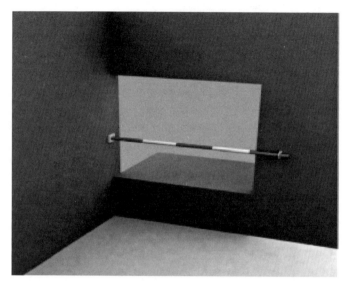

竖向洞口（窗台高度低于800mm）防护示意图

工艺说明

（1）窗台高度低于800mm的竖向洞口，应按临边防护要求设置栏杆。防护栏高度不应低于1.2m，窗台低于600mm时应增设防护栏杆，加设密目安全网或采用工具式栏板防护；防护栏杆长度超过2m应增设立柱。（2）防护栏杆应在主体结构上可靠固定，宜采用预埋方式固定，固定件应满足防护强度要求。（3）防护栏杆应涂刷红白相间警示色，并悬挂安全警示标志。

010507 特殊部位防护

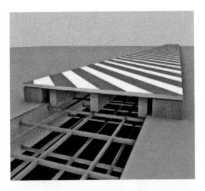

后浇带防护示意图

伸缩缝防护示意图

工艺说明

（1）后浇带、伸缩缝空置时，应设置全封闭的坚实盖板进行覆盖，防护盖板的荷载要求应能承受不小于1kN的集中荷载和不小于2kN/m² 均布荷载（如有特殊要求应单独设计），同时搁置应均衡，固定应牢固，能防止挪动移位，且两侧宜设砖砌式挡水坎。（2）防护应设置警示标志，严禁用于上部结构支撑，特殊设计除外。

010508 电梯井口防护（一）

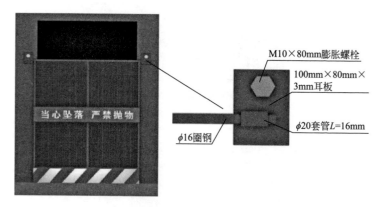

电梯井口防护（一）示意图

工艺说明

（1）电梯井口立面应设置高度不低于1.5m的防护门，宜采用工具式防护门，防护门底端距地面高度不大于50mm，下部设置高度不低于180mm的挡脚板。（2）防护门外侧宜挂"当心坠落 严禁抛物"安全警示标志牌，上部可设警示灯。（3）防护门必须固定牢固，能防止挪动移位。

010509 电梯井口防护（二）

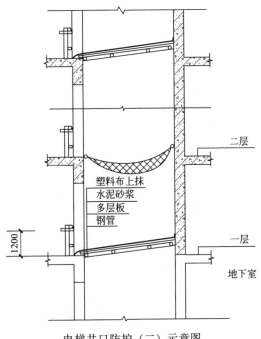

电梯井口防护（二）示意图

工艺说明

（1）电梯井内的施工层上部，应设置隔离防护设施。电梯井内水平防护采用每层封闭的措施，在作业层以下每10m且不大于两层应挂一道水平安全平网。（2）电梯井防护应随主体结构施工自下而上依次设置，正式电梯安装前，宜自上而下依次拆除水平防护。（3）水平防护不宜低于楼面，且应向入口方向倾斜设置，方便防护内部垃圾清理和防止人员随意进入。（4）宜随主体设置电梯井内专用照明，且应选用安全电压。

010510 电梯井口防护（三）

电梯井口防护（三）现场图

工艺说明

(1) 主体施工操作层电梯井水平防护可采用定型钢制平台，防护平台固定措施应经设计计算，满足施工安全防护强度要求，按照设计制作经验收后方可投入使用；过程中做好检查，严禁超载堆料。(2) 作业层电梯井防护专用平台上严禁堆载，并应设置安全警示标志和荷载限制标志。

010511 临边防护（一）

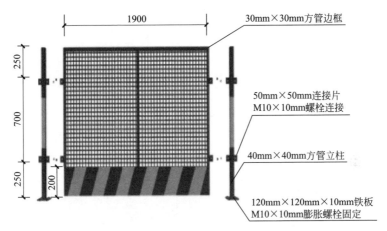

临边防护（一）示意图

工艺说明

（1）坠落高度基准面2m及以上临边，应在临空一侧设置防护栏杆，并应采用密目安全网或工具式栏板封闭，设置挡脚板。防护栏杆立杆和横杆的设置、固定及连接，应确保防护栏杆在上下横杆和立杆任何处，均能承受任何方向的最小1kN外力作用。（2）防护栏杆或工具式防护立柱间距不超过2m，工具式防护栏板与立柱应采用专用螺栓连接，连接间隙不得超过网片间隙，挡脚板部位应防护严密；（3）应涂刷红白相间安全警示色，并设置安全警示标志牌。

010512 临边防护（二）

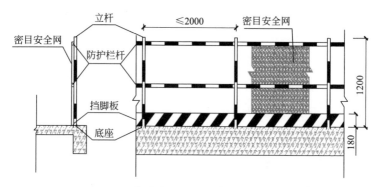

临边防护（二）示意图

临边防护（二）现场图

工艺说明

（1）分层施工的楼梯口、楼梯平台和梯段边，应安装防护栏杆；外设楼梯口、楼梯平台和梯段边还应采用密目安全网封闭。（2）临边作业防护栏杆应由横杆、栏杆柱及不低于180mm高的挡脚板组成，并应挂密目安全网；防护栏杆应设置2道横杆，上杆距地高度应为1.2m，下杆应在上杆和挡脚板中间设置，当防护栏杆高度大于1.2m时，应增设横杆，横杆间距不应大于600mm；防护栏杆立柱间距不应大于2m。

010513 通道口防护

安全通道现场图

工艺说明

（1）现场作业时，下层作业、通行部位处于上层作业的坠落半径内时，应设置安全防护棚。（2）当安全防护棚的顶棚采用竹笆或者胶合板搭设时，应采用双层搭设方式，间距不应小于700mm；当采用木板或与其等强度且耐冲击的其他材料搭设时，可采用单层搭设方式，木板厚度不应小于50mm。（3）当建筑物高度大于24m时，应采用木板搭设，并应搭设双层安全防护棚。双层防护的间距不应小于700mm，防护棚高度宜大于4m。（4）防护棚顶部需设置安全警示标志牌和安全宣传标语。（5）搭设在塔式起重机回转半径和建筑物周边的工具式木工加工棚应设置顶层防护，强度应满足现行规范要求。

010514 交叉作业防护

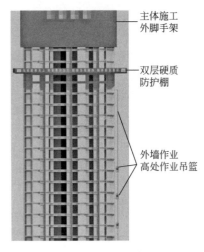

交叉作业防护示意图

交叉作业防护现场图

工艺说明

（1）施工现场立体交叉作业时，下层作业的位置应处于坠落半径之外，模板、脚手架等拆除作业时应适当增大坠落半径，当达不到规定时，应设置安全防护棚，下方应设置警戒隔离区。（2）主体外墙交叉作业应设置双层硬质防护，并采取专项设计固定形式及作业方式，确保防护及作业安全。（3）水平防护棚严禁作为卸料平台使用，特殊设计时应做专项方案并标注作业区域及限载要求。

010515 移动作业平台

移动作业平台现场图

工艺说明

（1）应优先采用成品移动式升降操作平台，面积不应超过 $10m^2$，高度不应超过 5m，高宽比不应大于 2∶1，施工荷载不应超过 $1.5kN/m^2$。（2）移动操作平台的行走轮与平台架体连接应牢固，立柱底端离地面不得超过 80mm，行走轮和导向轮应配有制动器或刹车闸等固定措施。（3）操作平台四周按临边作业要求设置防护栏杆，并布置登高扶梯。移动式操作平台处于工作使用状态时，四周应加设抛撑固定。移动式操作平台在移动时，操作平台上不得站人。

第六节 • 机械设备

010601 塔机防碰撞

塔机防碰撞现场图

工艺说明

(1) 合理布置塔机平面位置，使用平头塔机增加空间利用率，多台塔机交叉作业可考虑动臂式塔机。(2) 多台塔机在同一施工现场交叉作业时，应编制专项方案，并应采取防碰撞措施。任意两台塔机之间的最小架设距离应符合以下要求：低位塔机的起重臂末端与另一塔机的塔身之间的距离不得小于2m；高位塔机的最低位置部件与低位塔机中最高位置部件之间的竖向距离不得小于2m。(3) 安装防碰撞智能控制报警系统，做到实时监控及预警。(4) 塔机防碰撞智能控制报警系统接入智慧工地平台，做到塔机实时报警提示、区域保护预警、远程监管、数据追溯。

010602 附着安装操作防护平台

附着安装操作防护平台现场图

工艺说明

（1）防护平台应根据现场实际需求经强度设计计算后采用型钢材料加工制作，确保平台安全可靠。（2）平台上不得存放任何设施、材料或工具，首层平台应设置防攀爬措施。（3）平台安装不得影响塔机自身安全，不得采用焊接形式与塔机连接固定。

010603 操作人员高空通道

操作人员高空通道现场图

工艺说明

(1) 制作及安装应按照防护平台要求执行。(2) 高空通道安装不得影响塔机自由摆动,通道深入楼层内距离不应小于塔机最大摆动距离且应大于50cm,并应在入口处设置防护门。

010604 安全监控系统

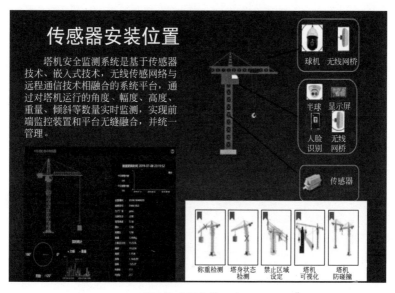

塔机传感器安装示意图

> **工艺说明**
>
> （1）安全监控系统作为辅助监控系统，实时记录塔机的运行情况并为考核塔机司机的行为提供依据，实时纠正违章行为。（2）安全监控系统的安装不得影响塔机自身设备的正常工作，不得代替塔机自身安全装置或控制系统。（3）应设置独立的供电系统，不得影响塔机控制系统。

010605 施工升降机层站防护

施工升降机层站防护现场图

工艺说明

（1）施工升降机层站防护应根据现场实际采用安全可靠、经济合理的形式，防护强度及稳定性应满足施工及防护要求，采用脚手架搭设的层站防护应编制专项施工方案并履行审批程序。（2）层站防护应设置明显的标志牌，不得影响机械正常运行安全，层站防护门应与梯笼实现机械连锁或电气连锁。

010606 操作权限智能控制系统

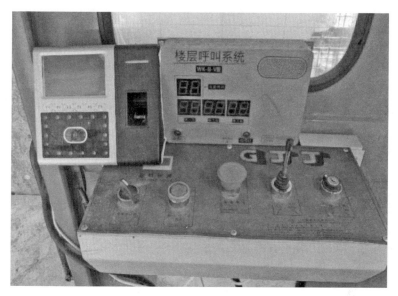

施工升降机操作权限智能控制系统现场图

工艺说明

(1) 采用面部及指纹生物识别智能控制系统，控制设备启动总开关，实现授权操作的效果，防止非司机操作。(2) 智能系统作为辅助管理系统，不得代替电梯自身安全装置或控制系统。

010607 中小型设备安全防护

中小型设备安全防护现场图

工艺说明

(1)采用型钢制作标准化中小型设备防护棚,频繁吊装作业区域的设备防护可采用移动式防护棚。(2)防护棚应满足防护强度要求,多风地区采用移动式防护棚应采用防倾措施,确保防护棚稳定性。(3)项目周边有居民区,则集中钢筋加工车间防护棚四周设置降噪屏,减少噪声污染。(4)防护棚采用双层硬质隔离防护,间距不小于700mm。

010608 施工升降机安全监控系统

施工升降机安全监控系统现场图

工艺说明

（1）施工升降机安全监控系统包括身份识别功能、载重量检测功能、速度检测功能、高度检测功能、远程数据传输功能和声光报警功能。（2）识别并记录操作人员身份，实时监测升降机升降速度、高度、门锁状态、重量、倾斜角度等运行数据，违规操作时立即预警、报警。

010609 塔机地面防护围栏

塔机地面防护围栏现场图

工艺说明

(1) 塔机地面围栏应根据现场实际尺寸采用型钢材料加工制作,与地面固定牢固,围栏高度1.8m。(2) 围栏设置防护门,根据项目实际可选择上锁管理或安装人脸识别系统。

010610 塔机防松动预警螺母

塔机防松动预警螺母现场图

工艺说明

（1）塔机连接螺栓处安装防松动预警螺母，连接螺栓出现松动时可自动报警提示。（2）防松动预警螺母应优先安装在塔机独立高度、自由端高度范围内螺栓上，最大限度发挥预警作用。（3）预警螺栓仅作为设备安全辅助措施，不得替代日常维保、检修等规定动作。（4）定期开展螺母有效性检查，防止因自身故障影响塔机安全使用。

第七节 • 安全体验

010701 安全体验区平面布置

分离式安全体验区布置示意图

工艺说明

(1) 实体安全体验区应设置在进入施工现场的行人线路上,并应用于安全教育工作。(2) 项目应根据工程实际需要设置,做到有序体验,服从管理人员统一指挥,注意安全。(3) 实体体验设备应定期进行专业检查及维修,确保设备使用安全。

010702 集装箱型安全体验馆

集装箱型安全体验馆现场图

工艺说明

(1) 将各类模拟实体缺陷体验项目采用集装箱式临时用房集中布置，便于集中运输和现场安装，组合形式占地较小，模块化程度高，后期维保及管理成本较低。(2) 布置场地应兼顾平整，宜采取硬化措施；场地正面通道不宜小于3m，侧面通道不宜小于1.5m，便于安装维保作业通行。(3) 体验馆供电方式应按照施工现场临时用电管理标准执行。(4) 不同型号及标准集装箱型安全体验馆，安装、使用、维保等具体要求应根据产品手册要求执行。

010703 洞口坠落体验

洞口坠落体验现场图

工艺说明

（1）模拟从洞口坠落带来的危险，了解洞口或开口部的危险性，及时正确地加强洞口防护，从而养成正确维护安全防护的好习惯。（2）40岁以上和体重超标、骨质疏松者，心脏病、高血压及腰部、腿部、颈部有骨折史的人员禁止体验该器材，在体验时要屈膝、弯腰、抱臂、两脚同时落地。

010704 安全带使用体验

安全带使用体验现场图

工艺说明

（1）模拟高处坠落过程中安全带的作用，在上升及下落（坠落）的过程中体验高处悬空的感受，认识到正确使用安全带的重要性。（2）心脏病、高血压患者禁止体验该器材，应确保安全带为合格产品。

010705 综合用电体验

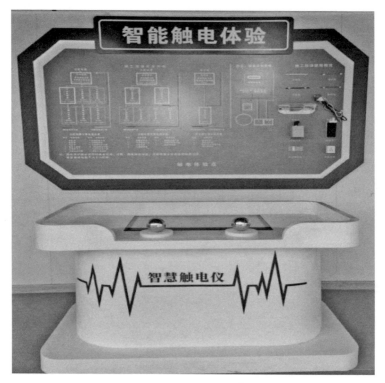

综合用电体验现场图

工艺说明

（1）模拟触电感受，让体验者认识触电的危害。通过学习各开关电器、各种灯具及各种规格电线的使用说明，正确引导学习安全用电的知识。（2）电压眩晕人员、心脏病患者禁止体验该器材，电器产品必须经专业人员调试安装和维修保养，严禁私自体验设备。

第一章 安全文明施工

010706 平衡木体验

平衡木体验现场图

工艺说明

平衡木是检验作业人员自身平衡能力及动作的协调性，检查肢体的应变能力，检测作业人员是否满足作业条件，尤其在负重、疲劳的情况下，是否能控制自身平衡，正确应对突发事件。

010707 消防器材使用体验

消防器材使用体验现场图

工艺说明

模拟发生火灾时如何正确使用消防器材及应急处置措施的有效性,培养从业人员扑救初期火灾的能力。

010708 挡土墙倒塌体验

挡土墙倒塌体验现场图

工艺说明

（1）使用液压控制设备，模拟演示及体验挡土墙突然倒塌的冲压感受或压迫感，让体验人员在施工的过程中注意边坡危险源。（2）体验应根据体验者的身形等情况合理调整倾倒角度，避免出现伤害，体验者应正确佩戴个体防护用品。

010709 安全鞋冲击体验

安全鞋冲击体验现场图

工艺说明

通过模拟演示安全鞋受到物体冲击以及钉子扎脚造成的冲压感受，让体验人员认识到安全鞋的正确使用方法及必要性，养成良好的习惯。

第一章　安全文明施工

010710 急救体验

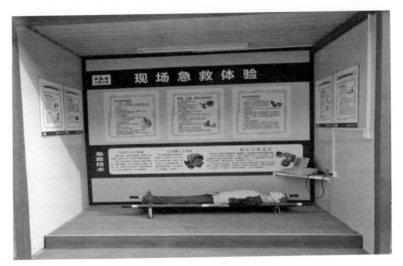

急救体验现场图

工艺说明

通过对模拟人进行急救操作，使体验者掌握人工呼吸、心脏按压等基本急救知识，提高应急救援能力。

010711 安全帽撞击体验

安全帽撞击体验现场图

工艺说明

（1）通过模拟不同重量的物体打击力度，体验佩戴安全帽后减轻被物体打击的冲击力，深刻感受安全帽撞击的力量，让体验者认识到不戴安全帽带来的危害，从而养成正确佩戴安全帽的好习惯。（2）体验者佩戴的安全帽应为检验合格的产品。

010712 AR/VR 智能体验

AR/VR 智能体验现场图

工艺说明

（1）采用 AR/VR 智能设备搭建仿真场景，使体验者沉浸于场景中，增强体验感受。（2）配合 BIM 技术，将项目模型导入，提升体验教育效果。

第八节 • 消防

010801 消防平面布置

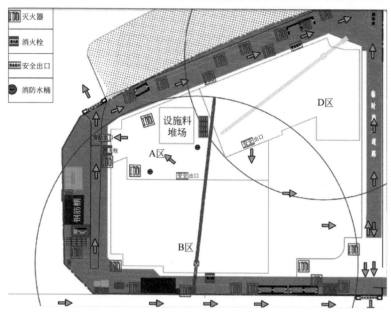

消防平面布置示意图

工艺说明

(1) 临时用房、临时设施的布置应满足现场防火、灭火及人员安全疏散的要求。(2) 施工现场临时办公、生活、生产、物料存储等功能区宜相对独立布置,应符合防火间距要求。(3) 易燃易爆危险品库房应远离明火作业区、人员密集区和建筑物相对集中区,与在建工程的防火间距不应小于15m。(4) 施工现场内应设置临时消防车道,临时消防车道的净宽度和净空高度均不应小于4m,应在通道右侧设置消防车行进路线指示标志。

010802 消防器材配备

消防器材配备现场图

灭火器的最低配置标准

项目	固体物质火灾		液体或可熔化固体物质火灾、气体火灾	
	单具灭火器最小灭火级别	单位灭火级别最大保护面积（m^2/A）	单具灭火器最小灭火级别	单位灭火级别最大保护面积（m^2/B）
易燃易爆危险品存放及使用场所	3A	50	89B	0.5
固定动火作业场	3A	50	89B	0.5
临时动火作业点	2A	50	55B	0.5
可燃材料存放、加工及使用场所	2A	75	55B	1.0
厨房操作间、锅炉房	2A	75	55B	1.0
自备发电机房	2A	75	55B	1.0
变配电房	2A	75	55B	1.0
办公用房、宿舍	1A	100	—	—

工艺说明

（1）施工现场应设置灭火器、临时消防给水系统和应急照明灯等临时消防设施。（2）临时消防设施应与在建工程的施工同步设置。房屋建筑工程中，临时消防设施的设置与在建工程主体结构施工进度差距不应超过3层。（3）在建工程可利用已具备使用条件的永久性消防设施作为临时消防设施。

010803 消防水源设置

消防供水系统现场图

工艺说明

(1) 施工现场的消火栓泵应采用专用消防配电线路。专用消防配电线路应自施工现场总配电箱的总断路器上端接入,且应保持不间断供电。(2) 建筑高度超过24m或单体体积超过3万 m^2 的在建工程,应设置临时室内消防给水系统。高度超过100m应增设中转水池及加压水泵,中转水池容积不小于 $10m^2$,且上下两个水池高差不超过100m。(3) 临时消防用水管道管径应根据现场实际水流速度计算确定,并不得小于DN100,严寒及寒冷地区的现场临时消防给水系统应采取防冻措施。

010804 防火间距设置

易燃易爆危险品库房现场图

工艺说明

（1）易燃易爆危险品库房与在建工程的防火间距不应小于15m，可燃材料堆场及其加工场、固定动火作业场与在建工程的防火间距不应小于10m，其他临时用房、临时设施与在建工程的防火间距不应小于6m。（2）易燃易爆危险品、气瓶等应分类专库储存，库房内应通风良好，并应设置严禁明火标志。根据施工现场物料使用情况，分别单独设置气瓶储存间、易燃易爆危险品库房。

010805 动火作业管控

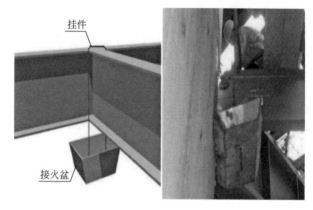

动火作业管控现场图

工艺说明

（1）焊接、切割、烘烤或加热等动火作业前，应对作业现场的可燃物进行清理；作业现场及其附近无法移走的可燃物应采用不燃材料对其覆盖或隔离。（2）安排施工作业时，宜将动火作业安排在使用可燃建筑材料前进行，确需要在可燃建筑材料施工作业之后进行动火作业时，应采取可靠的防火措施。

010806 应急照明设置

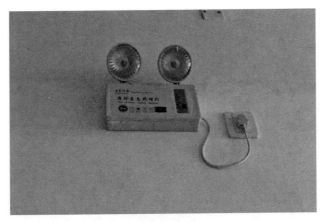

应急照明现场图

工艺说明

(1) 发电机房、变配电房、水泵房、无天然采光的作业场所及疏散通道、高度超过100m的在建工程的室内疏散通道应配备临时应急照明。(2) 作业场所应急照明的照度不应低于正常工作所需照度的90%，疏散通道的照度值不应小于0.5lx。(3) 临时消防应急照明灯具宜选用自备电源的应急照明灯具，自备电源的连续供电时间不应小于60min。

第九节 • 治安保卫

010901 实名制门禁

实名制门禁现场图

工艺说明

（1）实名制系统可采用指纹、人脸面部特征等生理特征或"门禁卡"控制设备，实现权限控制以及便民服务等。
（2）实名制系统应与安全教育联动，一人一卡，动态管控。

010902 现场围挡

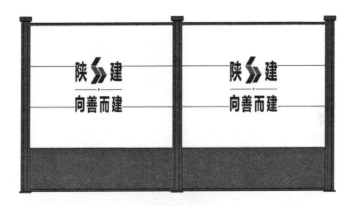

现场围挡示意图

工艺说明

(1) 现场围挡应优先采用原有围墙,需新设置围挡时应采用钢制定型化、标准化、可周转围墙,固定措施应安全可靠。(2) 围墙设置高度应满足市区主干道不低于2.5m,其他区域不低于1.8m;距离交通路口20m范围内占据道路施工设置的围挡,应设置交通疏导和警示措施,转角位置设置凸面转角反光镜,不得影响交通路口行车视距。

010903 人车分流

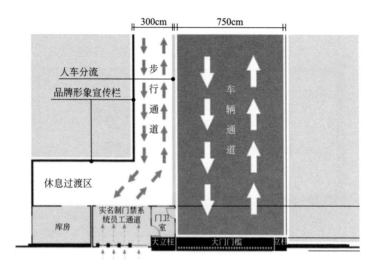

人车分流示意图

工艺说明

（1）施工区实行人车分流，对大型设备作业区域，通过布置栏杆、铁马、拉设警示带等进行隔离。（2）场内道路应设置完善的交通导引、防护设施及交通安全警示标志、标牌。（3）应对场内管线进行标识或采取防护措施，防止被大型车辆设备破坏；大型车辆和设备需横穿管线沟时，应制定管线井、沟防护方案。（4）夜间应保证场区道路照明充足。

第二章 绿色施工

第一节 • 环境保护

通过智慧环境和环境关键数据,可以全视角总览整个项目的环境现状,做到实时监测,服务项目,提供真实有效的数据,辅助建设工程提质增效,环境因素能对各项工作提示警示,自动生成注意事项,指导现场科学施工,保护环境,节能减排,促进发展。

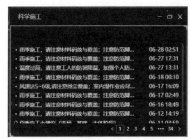

智慧环境提醒示意图

历史空气质量分析系统示意图

智慧环境管理系统示意图

1. 扬尘控制

对裸露地面、集中堆放的土方采取抑尘措施；运送土方、渣土等易产生扬尘的车辆采取封闭或遮盖措施；现场进出口设冲洗池和吸湿垫，进出现场车辆保持清洁；易飞扬和细颗粒建筑材料封闭存放，余料及时回收；易产生扬尘的施工作业采取遮挡、抑尘等措施；拆除爆破作业有降尘措施；高空垃圾清运采用管道或垂直运输机械完成；现场使用散装水泥、预拌砂浆应有密闭防尘措施。

020101 车辆冲洗

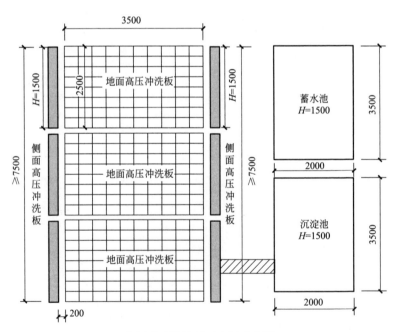

车辆冲洗设施平面布置示意图

第二章　绿色施工

车辆冲洗设施示意图

三级沉淀池示意图

> **工艺说明**
>
> 　　在施工现场主出入口设置全自动洗车机，采用循环用水装置，将车辆冲洗污水经排水沟有组织地回流到三级沉淀池，经过沉淀处理后，再由加压泵加压到供水管对车辆进行自动冲洗，在满足施工车辆冲洗的前提下，循环用水，节约水资源。当沉淀池内水量不足时，通过其他水源补给。

020102 裸露土处理

绿化

工艺说明

对施工场地的裸露土采取绿化或防尘网覆盖方式控制扬尘。现场绿化应根据工程所处地域选择绿化种植类型。

020103 运输车辆全封闭覆盖

覆盖防尘布

运输车辆全封闭覆盖

工艺说明

现场垃圾、散装颗粒材料的运输应做到密闭运输,应在运输车辆上加设盖板或用篷布进行覆盖,现场进出口设冲洗池和吸湿垫,进出现场车辆保持清洁,确保运输途中不遗撒、不扬尘。

020104 环保除尘风送式喷雾机

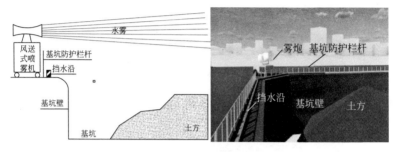

除尘喷雾示意图

环保除尘风送式喷雾机

工艺说明

在土方施工作业时,应采用环保除尘风送式喷雾机,将水雾通过风机强力送出,对扬尘控制重点区域进行定点定向降尘。

020105 施工现场喷雾降尘

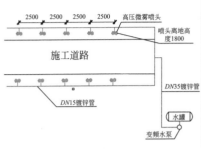

喷雾降尘系统示意图

喷雾降尘系统

工艺说明

在施工现场沿主干道路建立喷雾降尘系统,并与扬尘监测系统进行联动,当施工现场空气中污染物达到临界值时,自动开启喷雾系统,利用水雾对现场空气进行净化。管道材质与管径应结合工程实际情况进行确定。

020106 外脚手架降尘喷雾设施

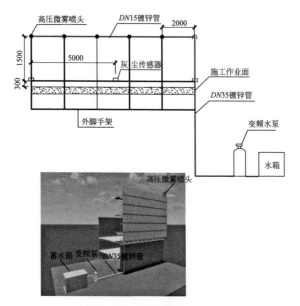

外脚手架降尘喷雾示意图

外脚手架除尘喷雾实例

工艺说明

在施工脚手架上部加装喷雾降尘设施，管道可采用镀锌管或PPR管，并将外脚手架降尘喷淋设施与扬尘监测系统进行联动，自动开启降尘喷淋系统，通过水雾喷淋对作业面及在建建筑四周扬尘进行控制。

第二章 绿色施工

020107 采用新型工具

无尘式打磨机

工艺说明

采用无尘自吸式墙地面打磨机、无尘开槽设备,最大限度地降低作业粉尘污染,从而达到人员健康和保护环境的目的。

020108 智慧工地环境监测

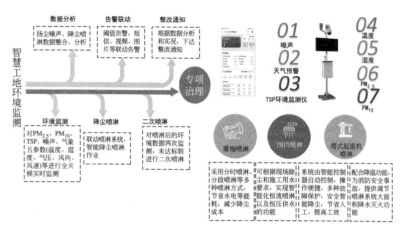

智慧工地环境监测

工艺说明

在施工现场围墙外建立噪声监测点,并将噪声监测数据同步输入噪声监测系统进行公示,便于现场管理人员了解现场施工噪声情况,及时采取措施,避免发生噪声扰民事件。

噪声、粉尘监测控制系统与现场喷雾降尘系统进行联动,当扬尘含量达到既定限值,喷雾降尘系统可自行做出反应,及时抑制扬尘产生。

噪声、粉尘监测控制系统,施工现场噪声、PM_{10}(粉尘)监控系统:对噪声及粉尘颗粒物实时检测,将检测数据无线传输至监管平台数据库,进行数据储存分析。施工现场24h无间断检测$PM_{2.5}$及PM_{10},当浓度超出目标值时,喷淋降尘系统开启,可有效降低$PM_{2.5}$及PM_{10}浓度。

施工现场24h无间断噪声检测,噪声超出目标值时,区域自动报警,责任人分析原因,采取降噪措施。

第二章 绿色施工

020109 预拌砂浆有密闭防尘措施

密闭式干混砂浆防尘棚示意图

密闭式干混砂浆除尘棚实例

工艺说明

使用预拌砂浆时采用密闭防尘措施，安装砂浆罐之后，采用定型化措施对砂浆罐体及基础、水箱等进行全封闭防护，对电路电箱进行保护，防尘防雨，及时抑制扬尘产生。

2. 噪声控制

应采用先进机械、低噪声设备进行施工，机械设备应定期保养维护，产生噪声的机械设备，应尽量远离施工现场办公区、生活区和周边住宅区，混凝土输送泵、电锯房等应设有吸声降噪屏或其他降噪措施，夜间施工噪声声强值符合国家有关规定，吊装作业指挥应使用对讲机传达指令，施工作业面应设置隔声设施，现场设噪声监测点，实施动态监测。

020110 选用低噪声设备

施工期主要噪声声源强度表

施工阶段	声源	声源强度[dB(A)]	施工阶段	声源	声源强度[dB(A)]
土石方阶段	挖土机	78~96	装饰装修与机电安装阶段	电钻	100~105
	冲击机	95		电锤	100~105
	空压机	75~85		手工钻	100~105
	卷扬机	90~105		无齿锯	105
	压缩机	75~88		多功能木工刨	90~100
基础与结构阶段	振捣器	100~105		云石机	100~110
	电锯	100~105		角向磨光机	100~115
	电焊机	90~95			
	空压机	75~85			

交通运输车辆噪声声源强度表

施工阶段	运输内容	车辆类型	声源强度[dB(A)]
土方阶段	弃土外运	大型载重车	84~89
基础与结构阶段	钢筋、商品混凝土	混凝土罐车、载重车	80~85
装饰装修与机电安装阶段	各种装饰装修材料及必备设备	轻型载重车	75~80

其他噪声声源强度表

声源	声源强度[dB(A)]
水泵机组	85
备用柴油发电机组(功率1000kW)	110
中央空调机组	65～75
风机(送排风机)	85～90

工艺说明

　　在工程施工机械设备选型时，应优先考虑选用低噪声机械设备，如低噪声振动棒等，同时应加强机械设备日常的维护保养，降低设备运行噪声。

020111 混凝土输送泵降噪棚

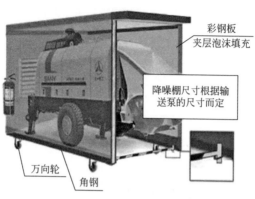

混凝土输送泵降噪棚

工艺说明

施工现场的混凝土输送泵外围应设置降噪棚，可采用轻钢结构进行制作，降噪棚内隔声材料可选用夹层彩钢板、吸声板、吸声棉等，对混凝土输送泵运行的噪声进行控制。降噪棚应便于安拆、移动。

新型材料应用方面，在施工前优化设计自密实混凝土施工技术，可减少振捣产生噪声；施工质量好，效率高。

020112 隔声木工加工车间

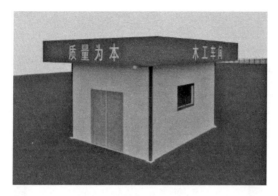

隔声木工加工车间示意图

隔声木工加工车间实例

工艺说明

木工加工车间应封闭加工，一方面，可降低木工加工时的噪声；另一方面，可对木工加工时产生的粉尘进行控制。围护结构宜采用夹层彩钢板、吸声板、吸声棉等隔声降噪措施，并安装排风、吸尘、消防等设施。

020113 降噪挡板

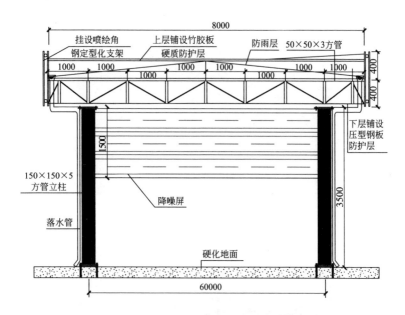

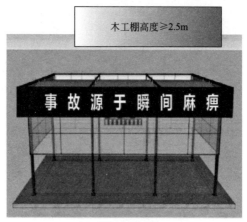

降噪挡板示意图

第二章 绿色施工

钢筋棚降噪挡板

工艺说明

在邻近学校、医院、住宅、机关和科研单位等噪声敏感区域施工时,工程外围挡应设置降噪挡板,同时对现场噪声比较集中的加工场地如钢筋加工棚,应设置降噪屏,并实时监测噪声。

020114 隔声降噪布

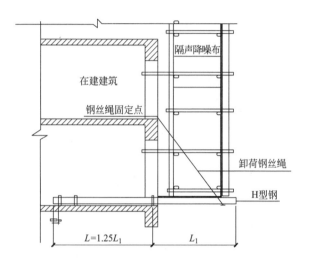

隔声降噪布示意图（一）

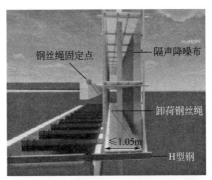

隔声降噪布示意图（二）

隔声降噪布实例

工艺说明

在噪声敏感区域施工时，脚手架外立面应增设隔声降噪布。该材料采用双层涤纶基布、吸声棉等制作，经特种加工处理热合而成，具有隔声、防尘、防潮和阻燃等特点。

3. 光污染控制

020115 焊接遮光措施

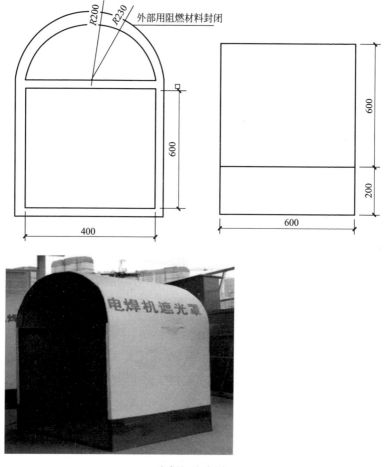

电焊机遮光罩

第二章 绿色施工

防弧屏

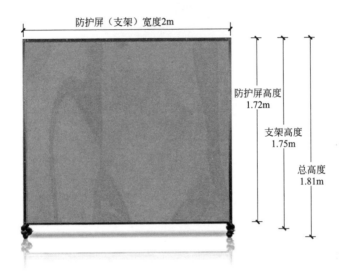

防弧屏规格示意图

工艺说明

施工过程中焊接作业时应设置遮光罩或防弧屏,防止电焊弧光外泄造成光污染,影响周边环境,遮光罩和防弧屏应采用不燃材料制作,焊接操作人员应穿戴个人防护设施。防弧屏由1.5mm厚度的乙烯基屏、支架和压条组成,支架采用3cm×3cm镀锌方管制作,底部带万向轮,屏与支架通过不锈钢压条打孔固定。

020116 夜间定向照明措施

LED定向照明灯具

工艺说明

　　施工现场应采用带定向光罩的节能照明灯具，确保光线照射在施工作业区域，避免光源散射影响周边环境，并应设置定时开关控制装置。

4. 空气污染控制

020117 焊接烟尘收集措施

焊接烟尘收集装置

工艺说明

现场施工过程中，焊接作业时应设置焊接烟尘收集装置，防止电焊烟尘飘散造成空气污染，影响周边环境，损害作业人员健康。

020118 废气排放控制

厨房烟气净化装置

工艺说明

禁止使用高污染的施工设备。施工现场进出场车辆及燃油机械设备废气排放应符合环保部门要求,定期进行废气检测,确保废气排放符合要求。应尽可能减少使用柴油机械设备,推荐使用新能源设备。生活区应使用清洁燃料,厨房应配备烟气净化装置。

5. 水污染控制

020119 污水沉淀池

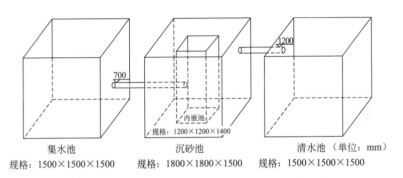

三级沉淀池

模块化成品三级沉淀池

工艺说明

现场污水应采用三级沉淀方式进行处理，污水通过三级沉淀处理后进行回收再利用或者排放。应及时清理池中沉淀物，确保沉淀池正常使用。现场沉淀池制作可采用砖砌式、钢板式、成品式三种方式。

020120 污水排放监测

悬浮物浓度计传感器

数字化pH计传感器

UVCOD传感器

污水排放监测器具

工艺说明

采用污水排放监测系统对施工现场废水和污水的自动采样、流量自动监测和主要污染因子在线监测，及时发出污染警报，防止污染外泄。

020121 隔油池

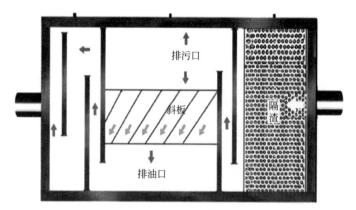

隔油池内部构造示意图

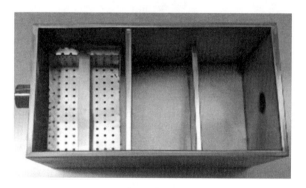

成品隔油池

工艺说明

　　隔油池是利用油与水的密度差异，分离去除污水中的悬浮油。隔油池应设置在厨房等油污污水下水口处，并应定期清理。隔油池可采用成品隔油池，常见成品隔油池的材质为不锈钢、塑料等。

020122 化粪池

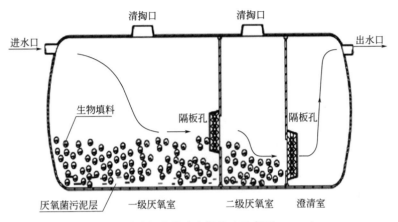

玻璃钢化粪池内部构造示意图

玻璃钢化粪池

> **工艺说明**
> 施工现场化粪池可采用成品化粪池，常用成品化粪池的材质为玻璃钢、塑料等。化粪池应定期清理。

020123 危险品储存

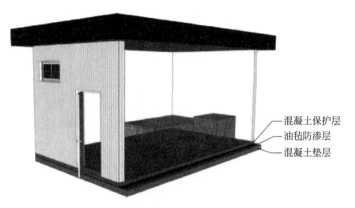

危险品库房构造示意图

危险品库房（一）

工艺说明

有毒有害危险品库房应单独设置，地面应设置防潮隔离层，防止油料跑、冒、滴、漏，避免造成场地土壤及水体污染。

020124 土壤污染

危险品库房（二）

材料库房

工艺说明

施工现场库房、机修房应尽量采用集装箱式活动房，房间地面应铺设卷材进行防护。机械维修时产生的废油、废液等废料应使用专用容器存储，并及时委托有资质的回收单位进行回收，防止废油、废液等对场地土壤造成污染。

6. 施工现场垃圾控制

020125 建筑垃圾垂直运输

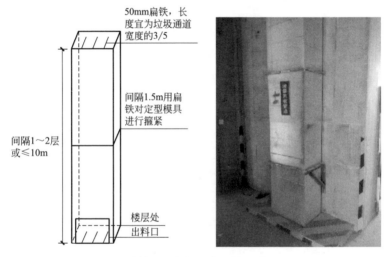

建筑垃圾封闭垂直运输通道

第二章 绿色施工

垃圾通道缓冲装置

垃圾回收串桶

工艺说明

高层建筑应设置建筑垃圾垂直运输通道,并与混凝土结构进行有效固定。垃圾垂直运输时,应每隔1～2层或小于等于10m高度设置水平缓冲带,防止扬尘,降低安全隐患。

020126 建筑垃圾分类处理及利用

施工现场垃圾分类一览表

项目	可回收废弃物	不可回收废弃物
无毒无害类	废木材、废钢材、废弃混凝土、废砖等	瓷质墙地砖、纸面石膏板等
有毒有害类	废油桶类、废灭火器罐、废塑料布、废化工材料及其包装物、废玻璃丝布、废铝箔纸、油手套、废聚苯板和聚酯板、废岩棉类等	变质过期的化学稀料、废胶类、废涂料、废化学品类等

垃圾分类封闭库房

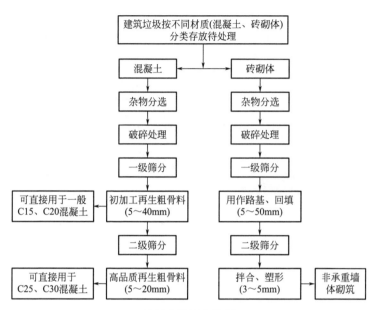

垃圾分类回收流程

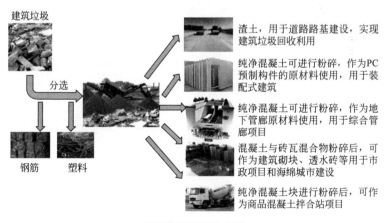

垃圾分类回收示意图

硅酸盐类废料密闭粉碎机

废料二次加工利用——装配式围墙

第二章　绿色施工

现场粉碎废弃混凝土和砌块用于道路基层铺设、地坪基层铺设

工艺说明

　　建筑垃圾应集中、分类堆放，垃圾台应全封闭设置，对产生的建筑垃圾应及时进行分类并回收再利用。建筑垃圾分类后，对混凝土、砖砌体等废弃骨料进行筛分、破碎后，可以预制围墙制作、现场地坪硬化、路基铺设等方式进行回收利用，部分再生骨料可用于在建工程中，实现资源的循环使用，减少后期施工现场固体废弃物的排放。

119

020127 生活办公垃圾分类回收

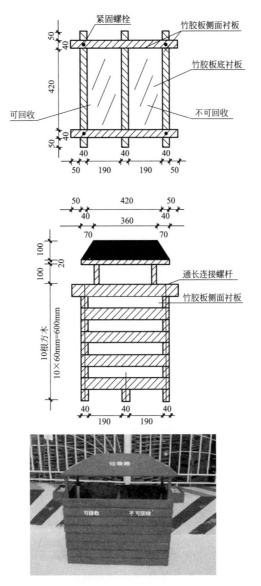

垃圾桶构造示意图

第二章 绿色施工

垃圾分类箱

生活垃圾分类

工艺说明

在办公、生活区设置分类垃圾箱,垃圾箱可采用废旧方木和竹胶板等进行制作。应安排专人定时清理。

020128 废旧电池、墨盒集中回收

墨盒、碳粉、硒鼓回收箱

废电池回收箱

工艺说明

在办公、生活区域设置废旧电池、墨盒回收箱。废旧电池、墨盒回收必须放置在密闭的容器内,防止可能产生的有毒有害物质扩散,并安排专人负责记录,委托有资质单位进行回收处理。回收箱可采用现场废旧方木和竹胶板钉制。

7. 环境保护公示及标志

020129 环境保护公示牌

环境保护公示牌内容示意图

整体装配式公示牌

单图牌式公示牌

工艺说明

施工现场应在醒目位置设置环境保护公示牌,采用型钢制作或成品不锈钢展牌,做到工具化、定型化。

020130 环境保护标志

现场环境保护标志

工艺说明

　　张贴于施工现场环境敏感位置，制作要求与安全警示、禁止、提示、指令标志相同，标志牌尺寸根据内容调整，标志牌内容根据现场实际情况自定。

8. 其他措施

020131 地下设施、古树、文物和资源保护措施

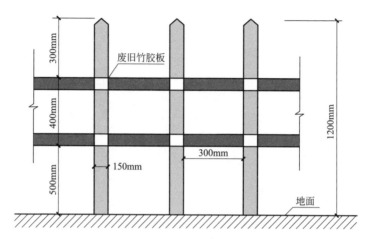

隔离栏规格示意图

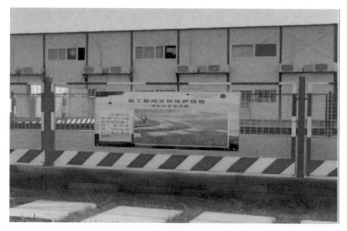

文物保护区标准化隔离栏

第二章　绿色施工

古树隔离栏

> **工艺说明**
> 　　工程施工前，应识别场地内及周边既有的自然、文化和建（构）筑物特征，并采取相应保护措施。保护措施可利用现场废旧材料进行二次加工。

020132 第三方生态环境检测措施

第三方检测报告

工艺说明

邀请第三方环境检测机构，依据相关规范标准对现场环境空气、水、噪声进行连续检测。进行空气检测时，需要在现场的多个不同地点设置检测站点，安装检测设备，对污染物分析测试。水质检测时要对现场的地下水、地表水、生活污水、饮用水进行物理性质和化学成分的分析测试。噪声检测需要在现场场界及噪声敏感处设置多个站点，对噪声源进行测量和分析，提供噪声治理建议。

020133 分层透水、滤水混凝土的应用

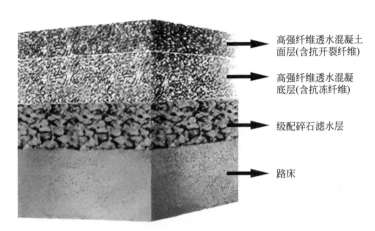

分层透水、滤水混凝土示意图

透水、滤水混凝土

透水铺装

工艺说明

透水混凝土又称多孔混凝土、无砂混凝土,具有透气、透水和重量轻的特点,是保护地下水、维护生态平衡的铺装材料,通过在现场场地、道路分层设置滤水层、高强纤维透水混凝土底层和面层,在保障场地结构强度的同时,起到透水、滤水的作用。

020134 抑尘排水树脂格栅架空地面应用

格栅架空地面

工艺说明

树脂格栅架空地面具有重量轻，强度高，铺装简易的特点。放置于地梁和支墩上，可以配合底部砂石滤水层成体系应用，达到轻装地面快捷施工、排水良好的效果。

020135 植生生态混凝土应用

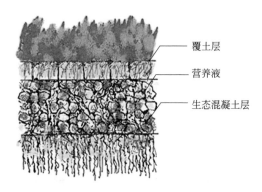

植生生态混凝土构造示意图

标注:覆土层、营养液、生态混凝土层

植生生态混凝土

工艺说明

植生生态混凝土是采用特定的混凝土配方和种子配方,将植被混凝土原料经搅拌后,由常规喷锚设备喷射到岩石坡面,经过洒水养护生成植被覆盖坡面,从而对边坡进行保护。

020136 植草砖应用

各类植草砖

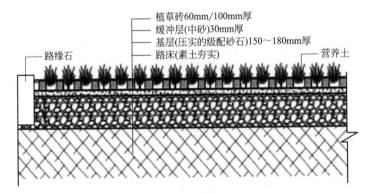

植草砖铺设构造示意图

工艺说明

植草砖可广泛用于现场步行道、停车场等处,铺设高效简便。铺设植草砖后,集配砂石基层可提供良好的排水功能,雨后不积水,不起尘,同时为植草砖孔洞内的绿植生长提供适宜的条件。

020137 垂直绿化技术应用

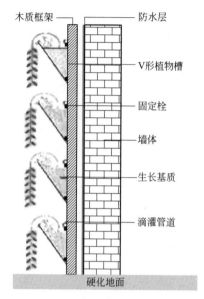

垂直绿化构造示意图

垂直绿化

工艺说明

施工现场可充分利用现有围挡、垂壁等场地条件,依附垂壁结构设置绿化,增加施工现场绿化量,垂直绿化可以降低墙面对噪声的反射,并在一定程度上吸附烟尘,美化环境。

020138 地下水清洁回灌技术应用

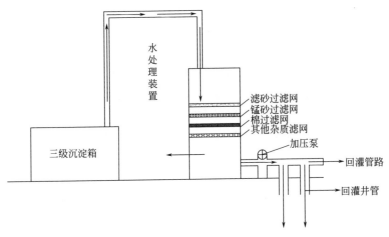

地下水回灌示意图

工艺说明

地下水回灌技术是在施工降水抽水量超过 50 万 m^3 时，利用工程设备将地表水注入地下含水层，避免超采地下水造成的地下水补排不平衡、地下水位下降及地面沉降等问题。需要注意的是要保证回灌的水质，设置沉淀池，除过滤泥沙外，还需要对不属于原有地下水的成分，如重金属等进行过滤，之后再进行回灌。

020139 新能源智能机械设备应用

新能源机械设备

智能化建筑机器人

工艺说明

　　施工现场推广使用新能源机械设备和智能设备，降低大气污染、提高施工效率和施工精度，节约劳动力。

第二节 • 节材与材料资源利用

1. 信息化技术

020201 BIM 技术应用

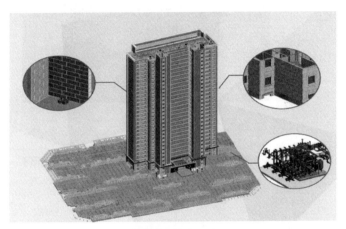

管综优化节点

供热管道补偿器模型

标准层结构模型

工艺说明

利用BIM技术可协助设计优化、图纸碰撞检查、管线综合排布优化、方案优化、仿真漫游、平面综合布置等工作，提高材料利用率，有效地避免资源浪费。

2. 钢材节约

020202 钢材软件下料

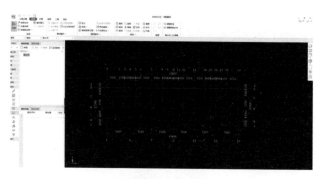

钢筋翻样软件示意图

钢筋下料软件示意图

工艺说明

　　利用各类工程软件进行计算机软件钢筋翻样、优化下料，操作方法简单直观，下料精准，可有效避免人工翻样失误造成的浪费。

020203 数控钢材加工设备

全自动钢筋切割机

钢筋网片焊接机　　　　　　全自动钢筋笼滚笼机

全自动调直切断机　　　　　　液压角钢冲孔机

工艺说明

采用智能化钢筋加工设备，无须操作人员长期监控，解放劳动力，效率高，切口整齐，加工误差小，避免人工操作失误造成的浪费。

020204 高强钢筋应用

高强钢筋铭牌

高强钢筋梁节点应用

项目	CRB600H	HRB400E	对比结果
屈服强度(MPa)	≥540	≥400	140
抗拉强度(MPa)	≥600	≥540	60
抗拉强度设计值 f_y(MPa)	430	360	70

使用部位	节省钢筋	节省造价	备注
楼板	2~3kg/m²	10~15元/m²	按钢筋市价3500元/t, 加工费1000元/t, 管理费500元/t计算
车库顶板	3~4kg/m²	15~20元/m²	

CRB600H高延性冷轧带肋钢筋替代HPB300和HRB400钢筋用于板类构件,无论是按承载力计算配筋(钢筋强度充分发挥)还是按最小配筋率配筋,均可明显减小钢筋用量,做到既省钢筋又省钱,效果显著

工艺说明

高强钢筋是指抗拉屈服强度达到500MPa级及以上的螺纹钢筋,具有强度高、综合性能优的特点,用高强钢筋,替代目前主要使用的400MPa级螺纹钢筋,平均可节约钢材12%以上。

020205 手持式钢筋绑扎机

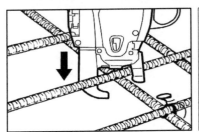
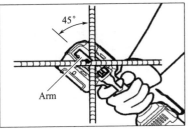

手持式钢筋绑扎机操作示意图

工艺说明

手持式钢筋绑扎机单次出丝长度约为3～5cm，可在1s内完成送丝、绑扎、剪切扎丝等工序，一次充电可完成2000次以上绑扎。相较于手工钢筋绑扎，节约绑扎材料，并极大地提高了劳动效率。

020206 钢筋余料回收利用

利用废旧钢筋制作梯子筋

利用废旧钢筋制作马凳筋

工艺说明

施工现场钢材加工产生的短小钢筋可根据施工需要制作成马凳筋、梯子筋、排水沟箅子、架板、钢筋定位卡具等，减少固体废弃物产生，提高资料利用率。

3. 混凝土工程节材

020207 装配式构件应用

叠合板安装现场图（一）

叠合板安装现场图（二）

叠合板、预制楼梯样品图

工艺说明

装配式建筑是指以工厂化生产混凝土构件为主，通过现场装配的方式设计建造的混凝土结构类房屋建筑。具有提高质量、缩短工期、节约能源、安全环保、降低人力成本等特点。

020208 建筑垃圾回收再利用

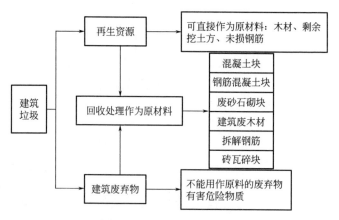

建筑垃圾回收利用工艺流程图

建筑垃圾分拣、粉碎现场图

工艺说明

建筑垃圾回收再利用技术可将建筑垃圾使用粉碎机、淤泥晒洗设备、骨料输送带、自动制砖机等设备，经过分类、破碎、筛分、分选等工艺，转化为再生骨料、再生混凝土、再生砖、无机道路材料等再生建筑材料。

020209 混凝土余料回收利用

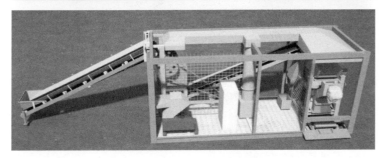

建筑垃圾筛分机

余料处理成品图

工艺说明

集中回收施工现场产生的混凝土余料，经破碎、拌和后制作盖板、异形砌块等小型构件。

4. 砌体工程节材

020210 砌体材料集中精确加工

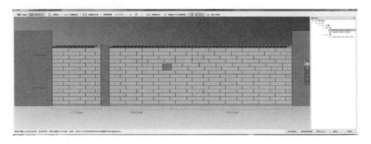

利用 BIM 技术排砖图

砌体切割机现场图

异形混凝土砌块成品图

异形多孔砖成品图

砌体实体样板图

工艺说明

砌体施工作业前，可应用 BIM 技术绘制排砖图，进行施工优化，利用深化设计图和材料清单，集中加工各类标准化半成品材料，统筹利用，减少浪费。

020211 新型砌体材料应用

高精度蒸压加气块

ALC轻质隔墙

石膏砌体

复合自保温砌块

工艺说明

采用高精度蒸压加气块、ALC轻质隔墙、石膏砌体、复合自保温砌块等新型砌块，具有施工精度（垂直度、平整度）高、成品效果好、减少工序、后期薄抹灰甚至免抹灰等优点，能有效地达到节材节能、节省工期、降低劳动强度等目的。

5. 装饰工程节材

020212 保温装饰一体板

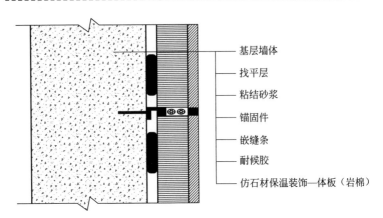

仿石材保温装饰一体板（岩棉）示意图

装饰一体板样品图

工艺说明

保温装饰一体化板是一种集保温、装饰、节能、防火于一体的新型建筑材料。具有施工简单、绿色环保、适用范围广等优点。

020213 免拆保温一体模板

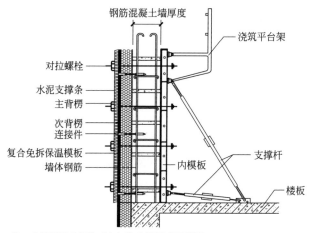

注：内模板可采用竹（木）胶合模板或钢模板。

保温一体模板安装示意图

免拆保温一体模板实体图

工艺说明

复合外模板保温系统施工时，外侧以复合保温板为外模板，将现浇混凝土墙体与外模板浇筑为一体，并通过锚栓连接使其更加安全可靠，浇筑完成后外侧抹砂浆保护层，满足建筑节能的要求。

6. 周转材料

020214 新型模板

铝合金模板

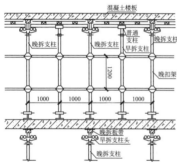

快拆体系模板

塑料模板

第二章 绿色施工

空心楼盖模板

工艺说明

新型模板大多由专业工厂定型加工并回收,便于质量控制,具有质量小、刚度高、回收利用率高等优点。

020215 周转材料再利用

废旧模板利用

废旧PVC管利用　　　废旧钢板做后浇带硬防护

工艺说明

施工现场废旧周转材料可进行再加工，用作施工现场成品保护、洞口防护及绿化设施，既节约资源、降低成本，又可改善环境、提高文明施工氛围。

020216 方木、模板接长

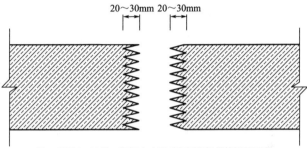

注：开缝6～12条，根据方木尺寸和梳齿机规格型号而定

方木接口处理示意图

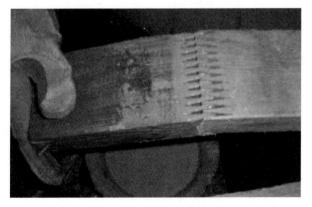

方木接长现场图

工艺说明

　　施工现场短方木、模板可采取接长处理，减少固体废弃物产生，提高材料利用率。

7. 永临结合措施

020217 消防用水永临结合

消火栓永临结合现场图

消防管道永临结合现场图

工艺说明

消防管线永临结合技术适用于施工图纸相对完善的工程项目,通过正式消防管线代替施工阶段临时消防系统,避免了二次施工,并可为施工提供临时用水,减少了临时管线安装、拆除所耗费的材料、人工,可有效缩短正式管线安装的工期。

020218 永久栏杆代替防护栏杆

楼梯段栏杆永临结合现场图

连廊段栏杆永临结合现场图

工艺说明

正式栏杆提前安装代替临时防护技术,不仅满足楼梯间、临边洞口的防护要求,而且减少了临时防护的投入,实现了正式栏杆的提前安装。

020219 永久照明代替临时照明

地下车库照明永临结合现场图

标准层照明永临结合现场图

第二章 绿色施工

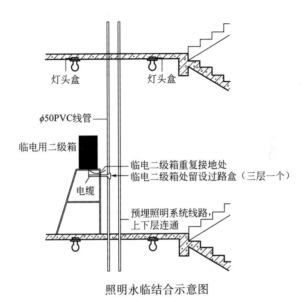

照明永临结合示意图

工艺说明

将临电系统改进为随主体进度一起预埋线管,并引出主线缆与二级箱连接;照明线路在主体阶段预留预埋,永临结合一次安装。

020220 预制模块化混凝土路面

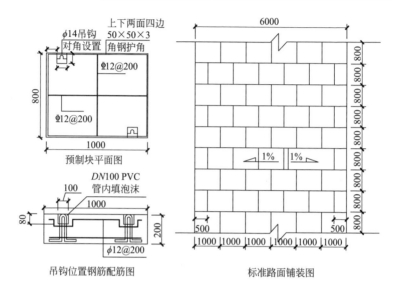

预制模块混凝土路面示意图

预制模块混凝土路面现场图

工艺说明

施工现场临时道路布置应与永久道路结合考虑,可采用预制模块化混凝土路面,完工后避免破除,可周转使用,减少固体废弃物产生。

020221 其他永临结合措施

绿化永临结合

施工道路永临结合

地下室送风永临结合

围挡永临结合

工艺说明

通过永临结合措施，施工结合前期的策划，合理调配利用各种资源，通过减少各种材料的重复浪费，减少不必要材料的投入，提高材料的利用率，达到节省工程成本的目的。

第三节 • 节水与水资源利用

1. 用水综合计量

`020301` 用水分区管理

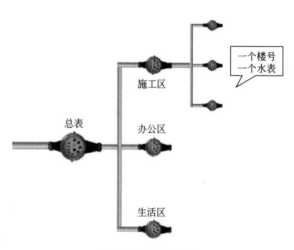

用水分区计量示意图

工艺说明

施工现场办公区、生活区和生产区合理布置供水系统,分区域分部位进行计量管理。建立用水台账,定期进行用水量分析,用水量分析结果应能直观地与既定指标作对比。

020302 智能用水分析

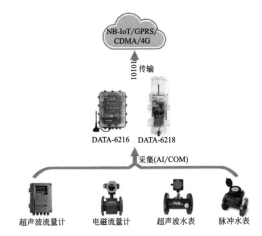

智能用水分析硬件系统图

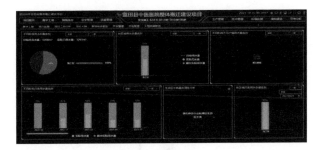

智能用水分析系统平台

> **工艺说明**
>
> 智能用水分析系统是依托传感器、人工智能、自动控制、大数据分析、增强现实等技术，通过对供水系统中压力、流量、用水量等参数的在线采集，智能分析供水系统状态及使用状态，进而通过阀门、泵站等设施实现供水系统的优化运行、漏损控制、用量分析调控等管理过程。

2. 节水措施

020303 生活节水器具

节水型花洒

节水型蹲便冲水系统

节水型龙头

感应式小便池

工艺说明

施工现场生活用水器具应全部采用节水型器具。生活用水器具选用应符合现行行业标准《节水型生活用水器具》CJ/T 164—2014 相关规定。

020304 插卡限额式淋浴

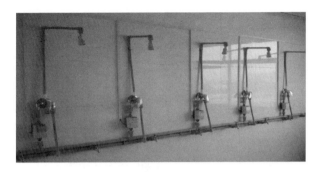

插卡式淋浴间实景图

IC卡一体机实物图

工艺说明

利用IC卡一体机水控技术对浴室用水进行综合管理，能有效提高淋浴器利用率，缩短员工淋浴时间，达到节约用水的目的。IC卡限额式淋浴按实际流量计费，可以限制每张卡每天的用水时间或者消费金额，拒绝超额用水。IC卡一体机读卡和显示部分分体安装，便于使用人员插卡和查看余额。水控机与电磁阀均为直流弱电电压，充分保证使用人员安全。

020305 混凝土泵送管道水气联洗

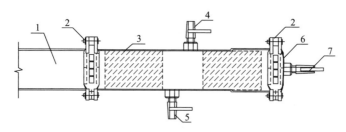

水气联洗管道构造示意图
1—泵管；2—管卡；3—清洗球（柱）；4—放气孔；
5—注水孔；6—后盖；7—气管接口

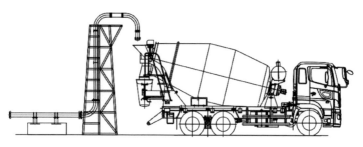

水气联洗工作原理示意图

工艺说明

混凝土泵送管道水气联洗是在泵管末端安装特制的水气联洗接头，接头中用2个海绵柱夹一个0.5m长水柱，利用混凝土自重和压缩空气将泵管中混凝土自上而下推出管道，海绵柱和水柱通过管道时将泵管内壁清洗干净的技术。水气联洗技术可克服现有清洗方式安全隐患大、堵管风险高、资源浪费大等问题。

020306 节水型洇砖

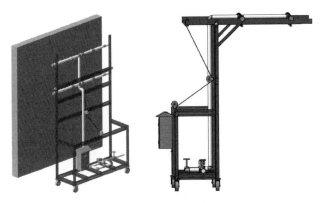

移动式淋水设施效果图

移动式淋水设施实物图

工艺说明

节水型洇砖采用移动式淋水设施，洇砖场地四周应设置排水沟，洇砖废水经沉淀处理后循环使用，既可提高工效，节约水资源，又减少了污水的排放量。

020307 绿化土壤湿度监测浇灌系统

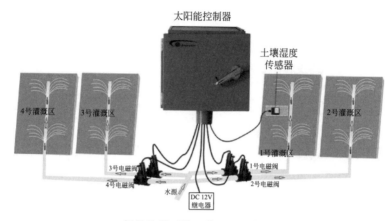

智能浇灌系统工作原理示意图

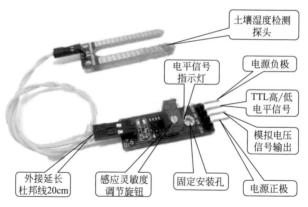

土壤干湿检测传感器构造示意图

工艺说明

　　智能浇灌系统通过传感器对土壤湿度进行实时监测,并根据计算机算法指示控制器对现场绿化进行自动浇灌,以达到节约水资源、提高绿化浇灌效率的目的。

020308 分段式智能喷淋

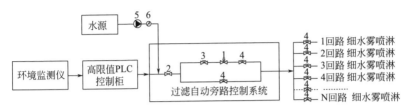

分段式智能喷淋系统图

智能喷淋移动端操作界面

环境监测仪实时采集信息

工艺说明

分段式智能喷淋系统可通过智能手机APP操作端设置控制参数，再通过环境监测仪采集空气污染指数，利用PLC控制器将$PM_{2.5}/PM_{10}$浓度在$0\sim200\mu g/m^3$范围内的自动启停功能，自动判断喷淋时机，实现24h无人值守。

另外，当有降低施工现场温度、提高湿度等其他需求时，可手机远程控制启动，或在手机中设定温度、湿度启停条件，以实现不同的环境目标。

020309 (高性能)节水型雾化喷嘴

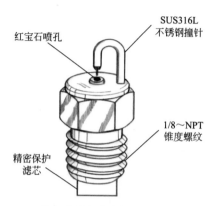

节水型雾化喷嘴构造效果图

节水型雾化喷嘴实物图

工艺说明

采用高压射流撞击形成微米级水雾,其特点是流量大、出雾快,可迅速形成云雾效果,能量效率高,外形结实,无涡旋盘或内部零件,所提供的雾化液滴尺寸小于 $20\mu m$,雾化效果好,能耗小,使用成本低。

020310 混凝土薄膜养护

混凝土薄膜养护实景图

工艺说明

混凝土盖上薄膜，可将混凝土中的水化热和蒸发水大部分积蓄下来自行养护混凝土。通过覆盖薄膜养护，可连续保湿保表面温度防止早期开裂，减少竖向毛细孔通道保持混凝土抗拉能力，有效地抵制中后期裂缝。混凝土表面进行二次抹压及三次抹压后，要及时进行覆盖养护。待混凝土终凝后，先洒水充分润湿后，用塑料薄膜进行密封覆盖，并经常检查塑料薄膜表面，在薄膜表面无水珠时，应再洒水进行养护。通过对养护薄膜的充分运用，有助于提升混凝土的吸水性。通常情况下，$1m^2$ 的养护膜能够吸收 $1\sim2kg$ 的市政用水，具有良好的保水性能，并能有助于促进水分的充分释放，同时不会产生任何化学反应，不会影响水泥的品质。养护薄膜宜采用可降解塑料。

3. 提高水资源利用率

020311 中水处理技术

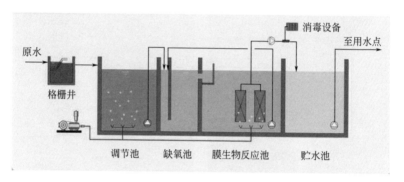

中水处理工作原理示意图

地埋式中水处理器实物图

工艺说明

中水处理技术是一种膜生物反应技术，是生物处理技术与膜分离技术相结合的一种新工艺，能高效地进行固液分离，得到可直接使用的稳定中水。该技术能维持高浓度的微生物量，工艺剩余污泥少，可有效地去除氨氮，出水悬浮物和浊度接近于零，出水中细菌和病毒被大幅度去除，能耗低，占地面积小。

020312 施工废水再利用

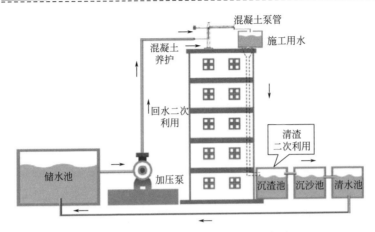

混凝土施工废水再利用工作原理示意图

泵车污水收集系统

工艺说明

混凝土施工废水再利用，是将混凝土输送泵泵管冲洗废水经现场设置在结构采光竖井或室内电梯井的废水回收管道（管道可选用DN200的PVC管）输送至楼下，经沉淀后集中排入储水池，通过变频加压水泵实现循环利用。废水回收管道顶端宜为漏斗形，避免污水遗洒造成污染。沉淀池中泥沙应定期进行清理。

020313 液压式压滤机（泥水分离系统）

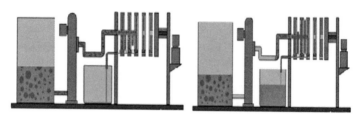

液压式压滤机工作原理示意图

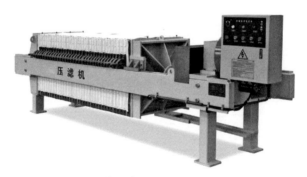

液压式压滤机效果图

工艺说明

　　液压式压滤机是一种间歇式的加压过滤设备，用于悬浮液的固液分离，分离效果好，使用方便，可广泛用于污水处理等各种需要进行固液分离的净化处理，尤其对于泥水的分离，有其独特的优越性。

4. 非传统水源利用

020314 雨水收集利用

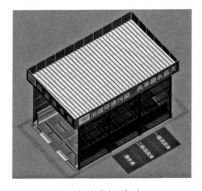

雨水收集沉淀池

临建屋面雨水收集

雨水收集系统公示栏

工艺说明

雨水充沛地区在建工程可利用场内地势高差、临建屋面将雨水通过有组织排水汇流收集后,经过渗蓄、沉淀等处理,集中储存,处理后的水可用于结构养护、施工现场降尘、绿化灌溉和车辆冲洗等。

020315 基坑降水收集利用

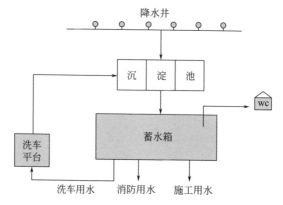

基坑降水回收利用工作原理示意图

基坑降水回收利用设备实景图

工艺说明

为满足工程地下部分施工的需要，部分工程必须采取降水措施。基坑降水系统采用自动控制设备，在保证水位的前提下自动控制水泵开启减少地下水抽排。对基坑降水进行收集存储，可用于施工现场车辆冲洗、降尘绿化、卫生间冲洗以及消防用水等，经过专业检测机构检测水质合格的水，还可用于结构养护及现场砌筑抹灰施工等。

5. 用水安全

020316 直饮水系统

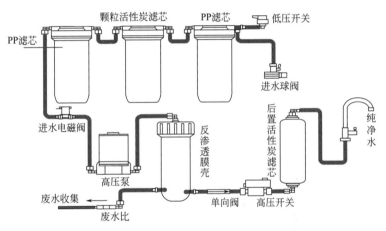

直饮水净化系统工作原理示意图

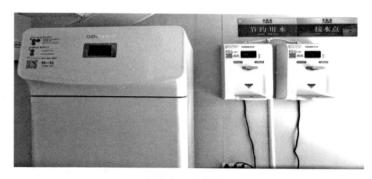

直饮水系统实物图

工艺说明

　　自来水通过水管进入 RO 反渗透直饮水机的前三级滤芯进行初滤，然后再由增压泵对水施压，H_2O 分子可通过 RO 膜，而原水中的无机盐、重金属离子、有机物、胶体、病毒等杂质无法通过 RO 膜，从而将纯水和无法通过的浓缩水严格区分开来，保障人员饮水健康。通过 RO 膜的逆渗透效果精细净化水质，由压力桶保存并连接管线加热器，随时供人员饮用。浓缩水可使用其他容器进行收集用于冲洗、洒扫等日常清洁，节约用水。

020317 非传统水源水质检测

水质检测报告示意图

水质检测 pH 试纸

水质检测仪

工艺说明

现场有可利用的非传统水源时，应由有资质的检测单位对水样进行检测，确定其等级后方可投入使用，还应保证非传统水源管道与市政用水管道严格区分并明确标识，防止误接、误用。

020318 施工现场污水专项检测

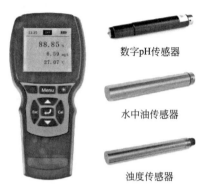

数字pH传感器

水中油传感器

浊度传感器

手持式多功能污水检测仪

污水排入城镇下水道水质控制项目限值

序号	控制项目名称	单位	A级	B级	C级
1	水温	℃	40	40	40
2	色度	倍	64	64	64
3	易沉固体	mL/(L·15min)	10	10	10
4	悬浮物	mg/L	400	400	250
5	溶解性总固体	mg/L	1500	2000	2000
6	动植物油	mg/L	100	100	100
7	石油类	mg/L	15	15	10
8	pH	—	6.5~9.5	6.5~9.5	6.5~9.5

工艺说明

施工现场污水须经检测,现场排放污水需满足现行国家标准《污水排入城镇下水道水质标准》GB/T 31962中限值要求,方可排入市政管网。若出现超标情况,应进行相应的预处理,并请专业检测机构抽检,确保污水排放达标。

6. 生态海绵技术

020319 透水铺装

透水格栅　　　　　　　　透水混凝土

透水砖

工艺说明

透水铺装形式有透水性地砖、透水性混凝土、透水性沥青、植草格、孔形混凝土砖等。透水铺装具有良好的透水、透气性能，可使雨水迅速渗入地表，还原地下水，能加强地表与空气的热量和水分交换，降低地表温度，同时减轻排水压力，减少道路积水，防滑降噪，缓解热岛效应。

020320 下凹式绿地

下凹式绿地工作原理示意图

下凹式绿地实景图

工艺说明

下凹式绿地是一种高度低于周围路面的绿地,也称低势绿地,其理念是利用开放空间承接和贮存雨水,慢慢渗透到地下,达到减少径流外排的作用,有着吸水、渗水和净水的功能。与植被浅沟的"线状"相比,其主要是"面",能够承接更多的雨水,而且其内部植物多以草本植物为主。

020321 雨水花园

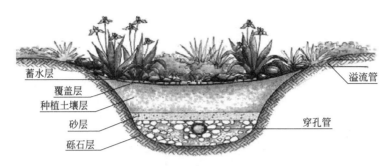

雨水花园构造示意图

（标注：蓄水层、覆盖层、种植土壤层、砂层、砾石层、溢流管、穿孔管）

雨水花园实景图

工艺说明

　　能够汇聚吸收来自地面的雨水，通过植物、沙土的综合作用使雨水得到净化，并使之逐渐渗入土壤，涵养地下水、补给景观用水，促进地下水循环，是一种生态可持续的雨洪控制与雨水利用设施。同时与传统的草坪景观相比，雨水花园能够给人以新的景观感知与视觉感受。通过合理的植物配置，雨水花园能够为昆虫与鸟类提供良好的栖息环境，植物的蒸腾作用可以调节环境中空气的湿度与温度，改善小气候，且建造成本较低，维护与管理比草坪简单。

020322 植被浅沟

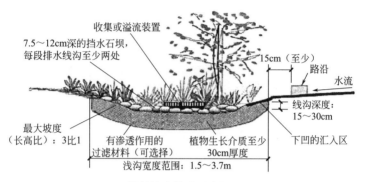

植被浅沟构造示意图

植被浅沟实景图

1—缓冲带；2—植草沟；3—缓冲带；4—道路；5—雨水路径

工艺说明

植被浅沟是指在地表沟渠中种有植被的一种工程性措施，是一种将雨水径流缓慢输送到下游的转输技术。雨水流经植被缓冲区和植草沟时，在植被区表面形成浅浅的径流并扩散至整个区域。在径流和植被区的相互作用下，雨水流速减缓，污染物沉积，从而达到雨水滞留、削减和延缓径流峰值、削减污染物的作用，但只对大颗粒和中等颗粒污染物有显著作用，可以作为预处理设施搭配其他海绵设施使用，如雨水通过植草沟和植被缓冲带流至雨水花园。

第四节 • 节能与能源利用

1. 用电综合计量

`020401` 用电分区管理

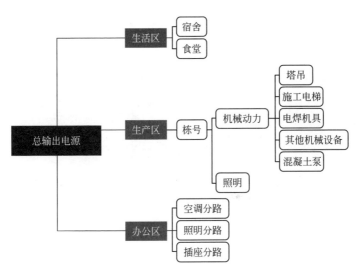

施工用电分区单独计量

> **工艺说明**
>
> 对施工现场的生产区、生活区、办公区，主要耗能机具如塔吊、施工电梯、电焊机及其他施工机具和现场照明等，应分别安装电表，单独计量，及时收集用电数据，建立用电统计台账进行能耗分析。

020402 智能用电分析

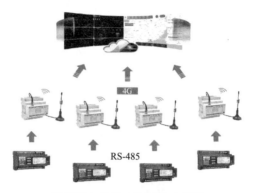

智能用电分析工作原理示意图

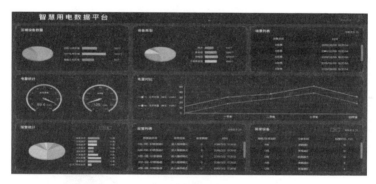

智慧用电数据平台

工艺说明

智能用电分析系统，是对用电过程中线路及电器的一个智能化监管平台，它能采集线路运行过程中产生的电流、电压、温度、用电量等数据，将这些数据运用大数据分析进行分析判断，实时发现电气线路和用电设备上存在的安全隐患并即时将报警信息发送给用户和管理人员，同时通过数据的分析可以为提高生产效率、机械效能，降低用电成本，提供准确数据支撑。

2. 机械设备选型

020403 垂直运输设备选型

垂直运输设备

工艺说明

垂直运输设备是指负责材料和施工人员垂直运输的机械设备。施工现场日常使用的垂直运输机械主要有起重机、施工电梯、混凝土输送泵等。设备的选型应满足施工需要，尽可能不出现盲区，结合项目实际提前对吊次、最大吊重进行分析，结合进度计划对人员峰值、所需材料运力进行预测，达到机械选型的经济合理。

020404 一般机具设备选型

一般施工机具

工艺说明

在一般施工机具设备选用过程中,也需综合考虑施工现场的条件、施工机具性能、施工工艺和方法、施工组织与管理、经济等方面的因素,使所用机具设备能合理搭配、配套使用、有机联系,充分发挥效能,力求获得最好的综合经济效益。

3. 节能变频设备应用

| 020405 | 变频机械设备 |

变频调直机

施工电梯变频控制器

工艺说明

　　机械设备在启动时,电流在一瞬间会很大,而安装了变频装置的设备会在启动时使电流逐渐上升从而有效保护机械设备,增加设备使用寿命,减小故障率,在启动、运行、停止各环节,使设备运行更加平稳。同时,大幅降低了无功功率,节约能源。

020406 空气能(源)热泵

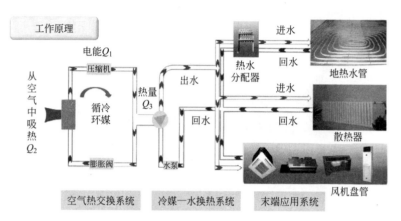

空气能热泵工作原理示意图

空气能热泵实物图

工艺说明

热泵主机通电运转,从空气中吸收热量,将吸收的热量通过蒸发器将水汽化,再由压缩机压缩成高压气体,进入冷凝器中液化,把吸收的热量通过换热器传输给供暖循环的水中。空气能热泵主机安装的位置要更多地吸收空气中的热能,应安装在容易吸收热量且通风好的地方。

020407 LED 照明

LED 灯带

LED 投光灯

工艺说明

LED 照明是采用发光二极管的照明技术，能够高效率地直接将电能转化为光能，直流驱动，超低功耗，电光功率转换接近 100%，相同照明效果比传统光源节能 80% 以上。光谱中没有紫外线和红外线，没有热量，没有辐射，且废弃物可回收，没有污染，不含汞元素。

020408 新型能源机具

新能源机具

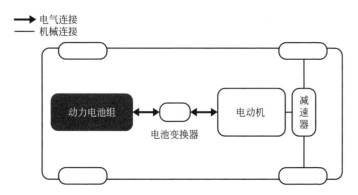

新能源机具工作原理示意图

工艺说明

　　新型能源机具相较于传统设备主要是通过大功率电动机取代传统的发动机，不但提升了资源的利用率，也有效降低了内燃气排放对环境的污染，并且还具有噪声小、维护成本低等特点。

020409 移动式充电设备

移动式充电设备

工艺说明

　　随着新能源施工机具设备在施工现场的使用率不断提升，施工机具的充电问题也日益凸显。移动式充电设备的优势在于其灵活性，当现场充电需求较大，或是临时用电线路不方便接入时，移动式充电设备便能成为更便捷、高效的选择。

4. 节能新技术

020410 无功补偿技术

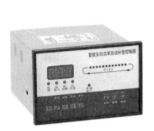

无功补偿设备

工艺说明

　　一般在系统中所说的无功负载大部分是感性无功负载，把具有容性功率负荷的装置与感性功率负荷并联接在同一电路，当感性无功负载吸收能量时，容性负载释放能量，而感性负载释放能量时，容性负荷却在吸收能量，能量在容性负载和感性负载之间交换，这样容性负载所吸收的无功功率可以从容性负荷装置输出的无功功率中得到补偿，无功功率就地平衡掉，以降低线路损失，提高带载能力，降低电压损失。

020411 低压照明技术

低压照明变压器

工艺说明

低压照明是指采用额定电压小于36V的照明灯具。可通过变压器将220V/360V电压转变为低压，低压照明对比普通220V照明具有安全、防爆、节能等特点。

020412 时控、声控、光控感应控制技术

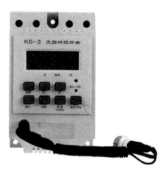

时控感应模块

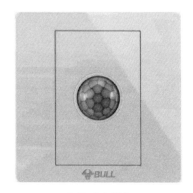

光控感应模块

微波感应模块

声控感应模块

工艺说明

通过控制、感应模块自动控制光源点亮，是一种自动开关控制电路，有多种类型，如声控、触发、感应、光控等，无须手动开关更加节能环保。感应原理多采用雷达感应、人体红外感应。

020413 5G网络遥控技术

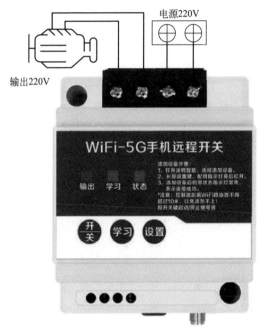

5G+智能遥控模块

工艺说明

通过安装5G+智能遥控模块，实现施工现场喷淋、照明等设备的实时远程控制，无须人员反复前往现场进行操作，降低了因人员操作不善产生的安全隐患的概率，实现降本增效的目的。

020414 溜槽施工技术

超长溜槽施工实景图

工艺说明

施工中对于部分超长、超宽、超深结构，传统地泵无法直接将混凝土输送至工作面，可利用混凝土自重采用溜槽替代输送泵输送混凝土。溜槽形式可根据工程实际情况，按照项目浇筑需要自行定制，常用溜槽形式有木质溜槽和钢制溜槽。

020415 临时用房围护结构

临建幕墙围护结构

岩棉墙板构造示意图

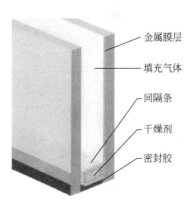

中空玻璃构造示意图

工艺说明

在总体规划中合理布置房屋位置、朝向，使其在冬季能获得充分的日照而又不受冷风袭击；在单体设计时，应在满足功能要求的前提下采用体形系数小的方案。外围护结构保温房屋的外围护结构应有合乎规定的热阻。宜采用中空玻璃、岩棉作为箱式活动房、K式活动房等的外围护结构，隔温隔热性能更优。

5. 可再生能源利用

020416 太阳能利用技术

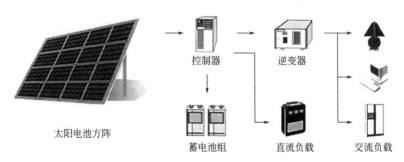

太阳能收集利用工作原理图

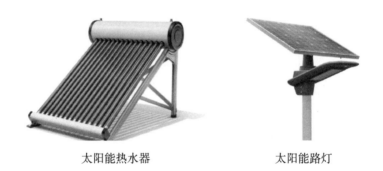

太阳能热水器　　　　　　太阳能路灯

> **工艺说明**
>
> 　　施工现场使用太阳能集热、太阳能光伏发电等太阳能利用技术，有效利用太阳能这种清洁能源，为项目降本增效。光伏发电技术可为项目提供稳定电力供应，为项目缓解部分用电压力；太阳能集热器一般用于太阳能热水系统，有效提高了太阳热能的利用效率，减少了电能、天然气等能源的消耗。

020417 风能再利用技术

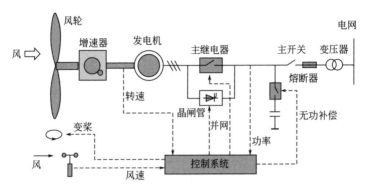

风力发电工作原理示意图

风能路灯

工艺说明

　　风力发电是风能应用的最直接形式。通过风力发电机将风能转化为电能，可以为建筑物及其他用电设施提供电力。由于风力发电时一般受到风荷载较大，在选择风力发电设备时，应考虑其所固定的基础或建筑物的负荷能力以及当地的风力大小等因素。

020418 地源热能利用技术

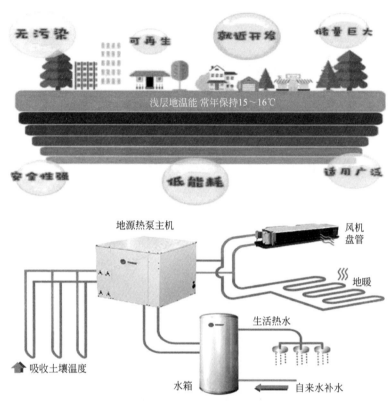

地缘热能利用工作原理示意图

> **工艺说明**
>
> 地源热泵是一种利用地下浅层地热资源既能供热又能制冷的高效节能环保型空调系统。地源热泵通过输入少量的电能，即可实现能量从低温热源向高温热源的转移。在冬季，把土壤中的热量"取"出来，提高温度后供给室内用于供暖；在夏季，把室内的热量"取"出来释放到土壤中去，并且常年能保证地下温度的均衡。

第五节 • 节地与土地资源保护

1. 施工现场规划

020501 施工现场布置永临结合

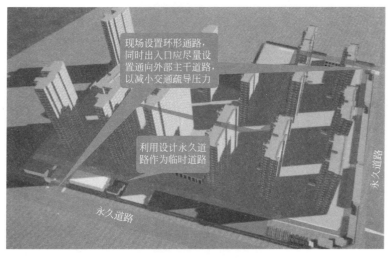

施工道路永临结合

工艺说明

施工现场道路应尽量使临时道路与正式道路相结合，施工现场内形成环形通路，减少道路占用土地，减少现场硬化量，避免二次破除产生固体废弃物。同时，施工出入口应尽量设置在交通主干道等位置，减小交通疏导压力。

020502 材料堆场及运输路线优化

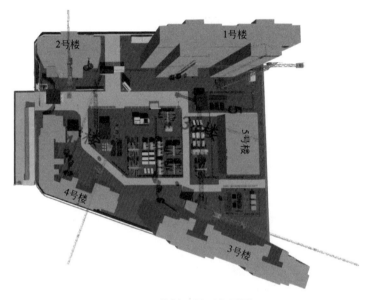

BIM 三维场地平面布置图

工艺说明

施工现场应根据各施工阶段不同的需求,运用 BIM 场地布置技术提前调整材料堆场的位置,并优化对应的材料运输线路,以最大限度减少材料的二次搬运及其对施工场地的占用,提高现场施工效率。

第二章 绿色施工

020503 平面布置施工推演

BIM 三维施工推演

工艺说明

施工前应用 BIM 技术建立现场布置模型，细分多个阶段进行施工推演模拟并确定各阶段布置最优方案；在施工过程中根据工程进度和现场需要分阶段对现场平面进行实时调整，通过三维动态规划模拟，有序调整现场布置，合理规划减少二次倒运。

2. 节地与临时用地保护措施

020504 既有建筑、围墙利用

利用既有建筑作为项目临建

利用原有围墙作为现场外围围护结构

工艺说明

施工现场应尽可能地有效利用施工场地内原有的围墙或既有建筑作为施工现场的外围围护结构和现场临时建筑，避免二次拆除以节约施工成本，并能够避免产生垃圾，减少固体废弃物外运。

020505 土方平衡技术

RTK 无人机

三维地形扫描点云模型

工艺说明

土方施工前利用 RTK 无人机配合点云三维重建技术对施工场地进行测量建模，通过正射投影重组及三维倾斜摄影技术对项目实体进行数据采集，降低了测量作业难度，实现更加精准的土方量计算。

020506 钢栈桥应用技术

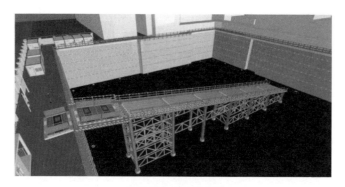

钢栈桥 BIM 效果图

钢栈桥应用实景图

工艺说明

钢栈桥应用技术是一种采用钢结构坡道作为基坑土方开挖的临时出土坡道的施工技术,与传统留置土坡道相比较,钢栈桥坡道具有施工便捷、基坑内易于布置、工程进度快、干扰因素少、有利于文明施工、各种资源能较好利用等特点。此外,可将车辆冲洗装置与钢栈桥结合,节约施工现场用地。

020507 智慧仓储

智慧仓储设备效果图

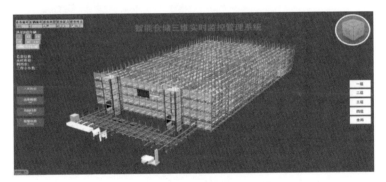

智慧仓储三维实时监控管理系统

工艺说明

智慧仓储系统可实时盘点材料，帮助管理者实时了解仓库真实库存数量，以及出入库数量情况；同时智慧仓储可采用立体货柜进行存储，避免乱堆乱放，有效节省占地空间，简化作业流程，提高存储利用率。

020508 场内集中加工配送

钢筋材料集中加工车间

大型钢筋加工设备

工艺说明

针对大型项目在施工现场建立工厂化的集中加工车间，集中加工配送材料，相较于传统现场多处设置加工棚的做法，在提升加工效率的同时节约了劳动力并有效提升材料半成品质量，且减少了设置材料加工棚及相关防护设施设备占用的现场用地，还大大降低了施工现场安全文明施工投入和管理成本。

第六节 ● 人力资源节约和保护

1. 人员健康保障

020601 健康保障设施

现场茶水亭

项目医务室

现场心理疏导室

现场遮阳棚

工艺说明

　　为保障施工现场工作人员的健康与安全,减少职业病的发生,提高工作效率,施工现场应设置符合国家及地方要求的健康保障设施。

020602 生活区安全应急装置

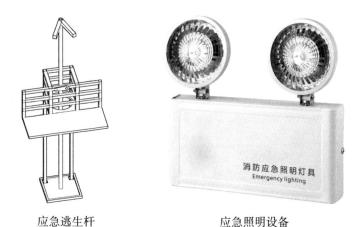

应急逃生杆　　　　　　　　应急照明设备

烟感报警器　　　　　　　　灭火器箱

工艺说明

项目生活区应在醒目位置设置安全应急疏散平面图、安全逃生疏散指示标志，并配备应急照明设备、应急逃生杆等设施；宿舍设置消防报警、防火等安全应急装置并做好日常维护检查记录。

020603 餐饮卫生监管

食堂就餐环境

食品安全信息公示

餐具消毒及食品留样

日常检查记录

餐饮卫生监管内容

工艺说明

为保障项目人员职业健康，项目应做好日常餐饮卫生监管工作。食堂许可证、从业人员健康证应办理到位；食堂管理人员应从食品原料、加工操作、储存状况、餐饮具消毒、食堂环境卫生、食品留样等几方面进行日常督促检查，并做好相关记录，对需要整改的问题及时跟踪解决，确保项目餐饮干净卫生。

2. 劳动力保护

020604 防护及劳动保护用品

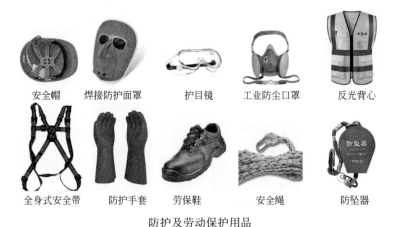

防护及劳动保护用品

工艺说明

劳动防护用品是施工生产过程中保护劳动者人身安全的必备防御性装备，施工现场应做好建筑工人施工现场劳动保护，保障从业人员身体健康和生命安全，提升施工安全和劳动保护水平，减少和消除事故伤害和职业病危害。

020605 密闭空间安全保障措施

通风设备　　送风式长管呼吸器　　正压式空气呼吸器　　紧急逃生呼吸器

气体检测报警仪　　照明工具　　通信设备　　救援三脚架

密闭空间作业安全防护设备设施

工艺说明

为确保密闭空间作业安全，施工前应根据作业环境和作业内容，配备气体检测设备、呼吸防护用品、坠落防护用品、其他个体防护用品和通风设备、照明设备、通信设备以及应急救援装备等物品，同时应加强设备设施的管理和维护保养，并指定专人建立设备台账，负责维护、保养和定期检验、鉴定和校准等工作，确保设备设施处于完好状态，发现设备设施影响安全使用时，应及时修复或更换。

3. 劳务节约措施

020606 劳务实名制管理系统

人脸识别门禁闸机

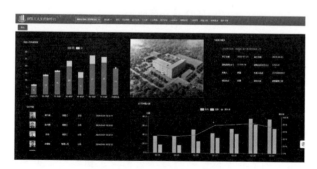

劳务实名制管理系统后台数据

工艺说明

通过劳务实名制管理系统对进场工人实行实名制登记，包括身份信息、所属分包单位、班组、工种、进场日期、签订合同。门禁闸机安装生物识别系统，考勤信息、人员进出记录同步上传相关政府单位。

020607 数字教育培训中心

现场数字教育培训中心

工艺说明

项目数字教育培训中心建立了入场人员培训电子信息及考核档案,随时可抽查各时间段、区域入场人员培训教育考核信息。在入场培训系统中,将各工种主要施工内容要点纳入到"智慧工地数据决策系统"人员入场培训知识库,通过沉浸式的体验让一线作业人员,更形象、直观地了解认识本岗位主要施工内容及存在的风险,提升他们的职业素养和安全意识。

020608 建筑机器人应用

建筑机器人

建筑机器人现场作业

◆ 工艺说明

现场施工生产中,利用建筑机器人实现生产自动化,不仅降低人工操作的风险,其工作效率和精度都远高于人工,大大提高生产效率,缩短生产周期,保障生产效率的稳定性,在提升质量、降低施工风险、解决用工难题、改善施工环境等方面效果显著。

020609 无线射频识别技术

超高频 RFID 手持终端数据采集器

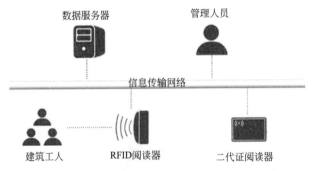

现场 RFID 人员管理系统图

工艺说明

无线射频识别（RFID）技术逐渐在建筑施工领域得到广泛应用。RFID 技术可以帮助实现对施工人员的管理和追踪。每个员工可以佩戴一个带有 RFID 标签的工作证件或手环。通过门禁系统或读写器，可以记录员工的进出时间、工作区域和工作岗位。这样可以实时了解员工的工作状态和位置，确保工作流程的顺畅和通畅。同时，对于施工现场的安全管理来说，RFID 技术可以帮助识别和记录进入禁区或危险区域的人员，提高安全性和监管能力。

020610 智能工具增效

全自动钢筋绑扎机

自动墙板安装机

工艺说明

施工现场建筑工人通过使用各类智能工具进行施工作业，可节省大量的人力，大大降低工人的劳动强度，进而达到有效提升作业效率和施工质量的作用。

第七节 • 绿色智能建造技术创新

020701 基于 BIM 的施工技术

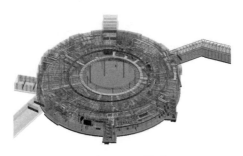

全专业 BIM 模型

三维场地布置应用

工艺说明

BIM 技术基于可视化、协调性、可模拟性、可优化性、可出图性的特点,通过三维场地布置、可视化交底、碰撞检测、施工模拟、图纸优化及深化、工程量统计、三维效果图绘制等应用,帮助项目提前发现问题,优化资源配置,减少材料浪费,提升施工效率,最终实现项目降本增效。

020702 三维激光扫描技术

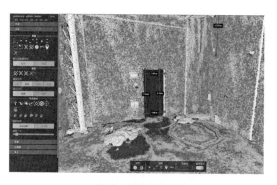

三维点云模型示意图

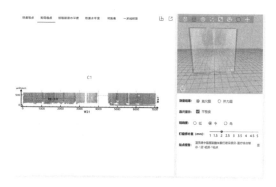

三维实测实量数据示意图

工艺说明

　　三维激光扫描仪是一款基于空间点云智能分析技术、大数据处理技术和云计算技术的自动化、数字化的实测实量管理系统,是新一代的实测实量解决方案。它可以实现智能化的数据采集、数据处理和实测成果评估,并能够及时输出整改报告和图纸,可实现对实测实量工作的远程管理与监控。

020703 数字孪生技术

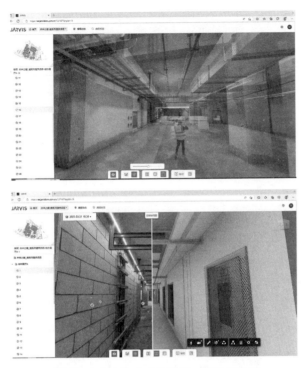

利用数字孪生技术对比实模一致性示意图

工艺说明

利用数字孪生技术，在线查看项目现场实际情况和模型的差异，可以按模型和实体不同楼层区域快速合并到相应的位置，也可以在平面图里查看各专业模型在实体中的准确位置，复核不同，再进行精细深化和动态调整，以达到实模合一的效果；同时通过平台多人协同工作，非项目现场也能进行巡检，遇到问题在平台进行标注，形成问题表单，各参建方也可同步问题，高效闭环项目问题。

020704 智慧工地数据决策系统

智慧工地决策管理系统

智慧工地指挥中心

工艺说明

通过运用智慧工地数据决策系统，借助IOT、BIM、大数据、AI等技术实现实时采集现场数据、远程控制、信息存储与分析、历史图像检索与恢复，使得项目整体施工过程更具可视性、可控性和可追溯性，实现项目生产提效、安全可控、成本节约的目的。

第二章　绿色施工

020705 碳排放计算管理系统

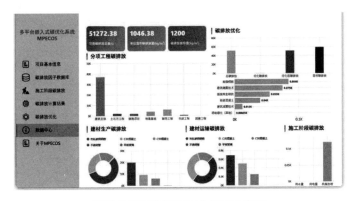

碳排放计算管理系统主界面示意图

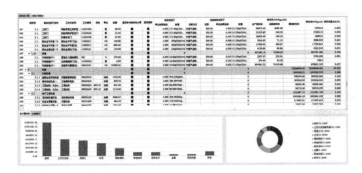

碳排放计算管理系统数据提取界面示意图

工艺说明

碳排放计算管理系统，可从数据采集、计算内核、辅助管理决策和指标体系建设四个维度对建筑工程建造活动进行碳计量与碳管理，初步实现了建筑工程项目建造碳计量自动化，提升了碳数据的准确性，推动项目绿色低碳建造。